天下雜誌
觀 念 領 先

陳茂雄、林文琇——著

激發員工潛力的
薩提爾教練模式

學會了，
你的部屬
就會自己找答案！

目錄

第二部　薩提爾教練模式的應用　102

推薦序1

智慧與耐心的細活

陳聖德

二〇一三年我和兩位朋友一起成立私募基金，投資台灣成熟期的中型公司。這些為數眾多、面臨世代交替的家族企業，在第一代創業家非凡的個人能力領導下，經過多年辛苦地耕耘、把握住成長年代的機會，逐漸站穩產業一席之地。然而如今面對全球成長趨緩、產業競爭加速的外在環境，及創業老臣逐漸凋零的內部壓力，需要挹注新的資金、新的人才及提升管理技術，才能帶動下一輪的發展；但家族中卻常常缺乏有意願及適任的接班人能夠領導這個轉變，因而躊躇在策略的十字路口。面對這樣的需求，我們的基金希望能夠提供一個階段性的解決方案。除了提供新的資金之外，還能透過董事會協助發展新的成長策略，並帶進專業經理人，提高管理質量，讓公司能夠順利啟動新的提升，重回成長之路，再年輕一次。

這個任務艱巨，無庸置疑；而培養公司的領導班底更是其中的通關重任。在基金成立之初，我就請教過茂雄有關這方面的意見。茂雄是我的高中同學，他太太楊夢萊又是我在花旗的同梯好友，多年來彼此關懷。知道他在ＩＢＭ工作時接觸到領導人培育計畫，對這個議題產生興趣，於是中年轉業，放棄外資龍頭企業的高階管理職務，重拾書本修習心理學，投身做一個理論與實務皆具的領導人教練，是真正專業輔導領導人的專家。他當時就和我分享了他的輔導理念，並給了我很多寶貴意見，也答應在我們投資案例需要時給予協助。後來我們一起拜訪過潛在的投資對象，並討論如何協助輔導這些公司的領導班底，把公司再變成一個學習性的組織，激發每個成員的潛力，讓團隊能相輔相成、發揮乘數效應，走出新的局面。經過這些討論，我也漸漸了解他的輔導方法，從問問題中協助輔導當事人自我覺察、找到管理上的慣性及盲點，再調整領導模式、創造高效能組織。

很高興看到茂雄把他這些年來輔導的理念、方法及案例寫成這本書。讀完這本書也讓我更加了解支撐茂雄輔導策略背後的薩提爾理論，對我個人來說獲益匪淺。書中理論與實踐並重、文字洗練、淺顯易懂，讀起來一氣呵成。我覺得書中所包含的理論與方法，不僅對領導統御有用，細細體會後，也可以運用在與朋友家人的交往上。

讓我們一起給這位投注心力、深耕台灣的人一聲喝采！

（本文作者為卓毅資本董事長）

推薦序2

從心改變，發揮無限可能

童至祥

人們常說，要改變一個人的行為，先改變其心態和思維。唯有發自內心的信念轉變，才能誘發我們的行為改變，最終創造具體成效。

對於領導統御而言，上面論述更能得到驗證。許多企業經營者或管理者習慣直接下指導棋，用告訴部屬答案的方式來領導，久而久之，無法察覺部屬的心理反應，也容易養成團隊依賴、缺乏獨立思考的狀態。這樣的方式無法產生 A⁺ 團隊，而接班就更是問題了。

我認識本書作者 Kent（陳茂雄先生）已經超過三十年，他是早期我任職於 IBM 時的主管。Kent 不論在管理或是教練與諮商上，都具備豐厚的經驗，為人溫文爾雅，邏輯清晰，樂意助人。我有幸曾受其帶領，從中受益無窮。

後來，Kent 轉職為企業高階主管教練，也曾在我們特力管理學院擔任老師，傳授特力中高階主管教練式領導的課程，也就是薩提爾教練模式。他擁有豐富的實務經驗和教練功力，擅長用引導的方式，引發學員反思，上過課的學員對他都極為讚賞，甚至還有位高階主管受他影響，決定要再修學分成為企業高階主管教練。

現今，坊間分享如何帶人、領導統御的書，不勝枚舉。有的從理論出發，有的基於作者自身管理經驗，第一次看到像本書作者這樣，將多年累積的職場管理經驗、心理諮商與教練技巧，結合成薩提爾教練模式，加上許多淺顯易懂的案例，彙集成《激發員工潛力的薩提爾教練模式》一書。

我從職涯早期，啟蒙老師李聖潔女士就帶領我讀過薩提爾的書，我非常認同她的人本信念及冰山理論，相信每一個人都是不同的個體，也尊重每個人都有獨特的價值。融合了教練技巧後，更能進入當事人的心路歷程，洞察其心理與內在需求；運用冰山理論揭露她（他）的行為障礙及思維盲點，進而進行轉化及改變，幫助她（他）成長、發揮潛能，創造無限的可能。

我認為此套方法，不僅能治本，適用於企業的領導統御，培養有能力的領導者、帶出高績效文化，更能實踐在每個人的日常生活中，讓自己與他人更好，很期待這本書的出版！

（本文作者為特力集團執行長）

推薦序3

心理學界與企業界的美好結合

王浩威

因為工作的關係，經常遇到像林先生這樣的狀況。他是透過祕書幫忙聯絡的，電話裡也不多說，就約好了心理治療的會談。等到終於出現的時候，才明白他是被逼著來的，自己一點也不以為然。原來，林先生目前是家族事業裡的核心幹部，他的狀況讓家族裡的長輩不得不直接要求他來到我的心理治療工作室。

這樣的情形有很多可能。也許是他的家庭或婚姻問題，已經影響了整個家族事業。而這些問題又來自於他童年的成長經驗，因為創業而過度投入事業的父母，他們當年的教養，嚴格說起來是一點也不及格的。

關於這一部分，心理治療是可以幫上忙的。然而，要妥善解決一切問題，經常也需要專業的協助。因為這樣的個案，我有好多次和陳茂雄先生合作的經驗。

認識茂雄已經是許多年前的事了，當時可能是在家族治療的訓練課程或其他相關的場所吧。之前，有一位好友，也是家庭治療師，她的先生跟茂雄是某個知名跨國企業的同事。因為這樣的緣故，我特別對他感到好奇，自然是多問了幾句，有關他離開原來的企業而走向諮商心理專業的想像。

這是我第一次聽到企業高階主管的教練工作，Executive Coach。

後來有一位企業界的朋友也提到了這件事。她是在受聘成為某個跨國公司的亞洲主管以後，被總公司要求接受這樣的課程，所謂的「企業主管教練服務」（Executive Coaching）。她覺得獲益良多，所以向我詢問國內是否有這一類的資源，想要提供給她公司裡的高階主管。

我當時質疑這樣的費用似乎太高了，公司果真願意負擔嗎？這位企業界的朋友知道當時的我對企業的了解並不多，立刻告訴我，企業經營的心智結構（Mindset）是和我們一般的思考相當不同的。

「你想想看，站在公司的立場，既然已經付給這些高階主管這麼高的薪水了，如果再加上你們心理專業的幫助，這些人可以提高百分之五的生產力，更重要的是可以避免可能潛在的重大錯誤，怎麼會覺得這個投資是不值得的呢？」

有了這樣的概念以後，這些年不知不覺地，也和茂雄合作許多個案了。對於高成就或高階主管的心理協助，往往是和MBA這樣的專業知識相當接近的。也就是說，從企業管理顧問專業的立場來說，在他們的專業之中，不論是對企業本身的相關評估分析，還是高階主管專業能力相關的問題，不免會涉及心理專業。同樣的，身為心理專業的我們，面對這些高成就的來訪者，往往對他們的事業所涉及的專業知識不甚了解，而需要其他專業協助。因為這樣的緣故，在歐美國家，管理專業和心理專業這兩塊領域就發展出許多合作的模式。

私人董事會（Peers Advisory Board，或譯朋伴建議董事會）是其中一種模式。通常是八到十二位的成員，也許是同一個企業裡面的高階主管，更有可能是來自彼此不會碰頭但規模相近的不同企業老闆，他們每個月聚一次會，以清楚聚焦的原則，依既定的結構來進行聚會的流程。在大陸，因為幅員廣大的緣故，他們通常改成兩個月一次、每次兩天的形式。

在台灣或大陸都有進行這方面工作的傑出人士，有管理背景出身的，也有心理背景出身的。雖然風格各不相同，但也都吸引了對這方面有不同需要的對象。而「企業主管教練服務」則是屬於一對一的工作，也同樣有這兩個背景出身的。陳茂雄本身是企業界人士，後來又有諮商心理碩士兼諮商心理師的專業資格，是相當不容易的。尤其他熟稔於薩提爾取向的模式，也是台灣薩提爾中心的重要師資。這方面更是難得。

今天他能夠撥空出來，完成這一本書，實在是相當難能可貴。

這一本書所涉及的範圍，雖然只是「企業主管教練服務」的一部分，是初步關係建立跟工作展開的部分而已，但可以一窺其中的奧妙，對有興趣從事這方面工作的專業人士是相當有幫助的。

心理學界與企業界的結合，這一本書將是一個美好的出發。

（本文作者為華人心理治療研究發展基金會執行長）

推薦序4

開發潛力，創造人生

曾端真

作者陳茂雄邀我為其大作寫推薦序，並為我介紹合著作者林文琇，而且大力稱讚這位優秀的大學同學。兩位作者都是當年台大經濟系的高材生，卻都在中年專業成就達巔峰，大有可為之時，選擇了人生的大轉彎。兩位作者的人生信念，以及在尋覓人生意義的經歷上有所共鳴，加上兩人處事的敬謹，與自我要求的品質，使得本書讀來前後邏輯貫串、文筆順暢，直如一人之作。受邀為這麼傑出的作者寫推薦序，實感榮幸。

身為老師，最欣喜的莫過於得天下英才而教之，更珍貴的是看到學生青出於藍更勝於藍。茂雄為人謙和，話不多，為學務實，求甚解。以他在ＩＢＭ的資歷和年紀，卻能和一群沒社會經驗又年輕的同學，毫無隔閡地共同學習，甚且比他們更認真。誠如茂雄自己所言，他很理性務實，當年學諮商理論和技術，必須費很大的功夫來克服其慣有的思考模式，以及學習去接觸感覺，去探索內心冰山。我看到他的瓶頸，也很佩服他修通了瓶頸。也因為他走過修通的歷程，更加深其對人能改變的信念。若非對人的信心，他應也不會熱情地走在為企業注入新文化的路上。

當我讀著薩提爾教練模式，聯想到傑倫·伊根（Gerard Egan）的名著《有效能的助人者》（*The Skilled Helper*）。這是一本學習助人專業必讀的書，是當今世界上在諮商領域應用最廣的書。此書從一九七五年問世，迄今四十年，歷經十版，足見伊根具有傳世的影響力。書中幾個重要的概念和這本教練模式有異曲同工之妙。例如伊根強調「問題有其正向的意義，它們是學習的機會；大多數人只發揮了一小部分的潛能，絕大多數的人有能力更創意地處理自己的事務、處理與他人的關係、處理工作」。

這正也是茂雄和文琇所傳達的信念，而他們更以其專精的薩提爾模式，結合本身在企業擔任主管的背景，長期接觸企業人與企業文化，加上近年來對企業中高階主管的訓練經驗，合力寫下兼具可讀性與實用性的書。我也是薩提爾模式的愛好者，深刻了解若不是作者功力道地、經驗豐富，絕對難以完美地結合心理治療模式與企業教練。本書可謂是臺灣及華人世界有此成就的第一本著作，令人敬佩。

茂雄邀我寫序，我告訴他，我已經退休，再也沒有副校長或院長的頭銜，沒有名分恐無法有推薦力。他一本誠懇務實的特質，說知道我退休了。我很慶幸答應了茂雄，能先拜讀，並從此書得到許多教學的靈感。

這本書除了讓讀者學習薩提爾教練模式，另有一層啟發性的意義，那就是兩位作者見證了自己是掌握人生的主人，見證了人的潛力無窮。可預知的是，企業人，或任何背景的讀者，都能因為讀這本書而開發潛力，更創意地處理人際上，工作上與生活上的各種問題。

（本文作者為國立臺北教育大學心理與諮商系退休教授）

推薦序5

唯有改變，才有發展

鄭晉昌

任何一位企業主管，面對當前的管理環境，皆會發現隨著科技變遷速度的加快，組織間競爭壓力加大，以及客戶需求提高，傳統許多管理方法在現今的職場環境中已經愈來愈不管用，也愈來愈難以有效地協助實現經營目標。特別是在企業決策、市場行銷、產品研發、供應鏈等關鍵管理活動，總是處在不斷變化的動態環境中，需要考慮的因素也愈來愈多。然而在當今多數的企業場域中，主管工作需要面對大量的知識工作者，其管理方法之特殊及複雜程度，與以往面對生產線上的員工，所需的技術層次是完全不同的，對於智慧與專業的要求也較以往更高。

企業教練這個概念起源於八〇年代後期的美國，時間上正是美國從工業社會轉型到知識經濟的年代。當時，許多企業經理們發覺到，以傳統的管理方法無法解決企業新的問題，同時，也發覺到企業經營環境每天都在快速地變化，而知識的更新速度和資訊的爆炸使得企業在管理知識型員工方面遇到了諸多障礙。如何適應日新月異的科技變化？如何令各類型的知識型員工更有創造力？一些知名企業如AT&T、GE等，借用了體育教練的概念，發展了企業教練的管理方式，以引導員工採取正確的態度去面對工作，提高生產力。與傳統的管理方式相比，企業教練管理方法強調以人為本，著重於個人潛能的激發，協助尋找最適合個人發展的工作方式，從而有效且快捷地達到目標。身為主管須以幫助部屬實現他們的理想作為目標，以達成團隊的成就。

員工個人發展的重點是當事人有意願去進行「改變」（change），調整心態重新歸零，避免朝著舊有的模式複製過去的行為而重蹈覆轍。而改變的動能起自於個人的「自我覺察」（self-awareness），了解以往個人心智模式的盲點，從而尋求不一樣的價值取向或觀點，採取有別於以往的行動方案。在產生個人自我覺察與有意改變的同時，企業教練可以成為個人發展的夥伴。企業教練可以是一面鏡子，容許當事人藉其反映真相，點醒當事人，讓當事人可以清楚辨識個人所抱持的心態與觀點。另外，企業教練可以是催化劑，激發當事人改變的意願，提高行動力，願意自我挑戰做得更好。最後，教練也扮演著指南針的角色，協助當事人找到方向，排除干擾，更有效及快速地達到目標。

茂雄兄一直是我在學界向業界學生推薦的企業教練。自IBM高階主管退休後，十多年來他一直從事企業教練的工作，充分運用個人二十多年的管理經驗，無私地協助過無以計數的企業高階管理人員提升與發展。令人感佩的是，他個人也重新回到校園攻讀心理諮商碩士，將所學之心理諮商技術融入至企業教練活動中。這本書《激發員工潛力的薩提爾教練模式》就是這些年來他個人教練實務與心得的結晶。

書中提出薩提爾教練模式的幾個手法，結合心理諮商技術的運用與案例說明，清楚地說明整個教練過程。相信對教練活動有興趣的讀者，定能從書中洞燭其中之蹊徑。我個人十分樂意推薦此書給企業界從事人力資源發展活動的HR專業人士，如果貴公司有意推動教練式領導，千萬不要錯過此書可以帶給你們的洞察力與智慧。

（本文作者為國立中央大學人資所教授兼所長）

作者序1

人生下半場的轉變

陳茂雄

我是四年級生，如果晚一年出生，就剛好可以成為第一屆不用參加聯考的「國中生」，因為我是通過聯考而升學的，所以上的是「初中」，而不是「國中」。就不過差一年、差一個字，我成了舊時代的人物！

我的求學生涯很順利，於台大經濟學系畢業後，僅短暫工作一年，就到美國德州休士頓大學，攻讀企管碩士學位，也順利地於兩年後拿到ＭＢＡ的學位。一九八〇年畢業後，旋即回國進入ＩＢＭ公司工作，從基層的工程師做起，一路做到大中華地區一個事業群的總經理。

有一陣子我很自豪，在不到四十歲的年紀，就爬到高階主管的位置，但如今看來，其實「時勢造英雄」的成分比較大，我幸運地在台灣經濟起飛的年代，進入高速成長的資訊業工作。另一部分的原因則是，我繼續保持著參加聯考的精神，不斷地學習，也很努力地將工作做好。因此，這段在企業裡工作與發展的日子，可以以「按部就班、努力不懈」來總結，所謂典型舊時代的精神！

然而，就在四十幾歲的壯年期，我卻發覺無法繼續「按部就班」，也不知道該為什麼而「努力不懈」。我發現，自己居然對原本熱愛的公司與工作，逐漸失去熱忱，也察覺到自己的價值觀在轉變：不想再繼續汲汲營營地追求更大的事業，也不再把「不斷地升遷」當作唯一能自我實現的方式，而想透過其他的方法，找到人生的意義。經過反覆的掙扎，終於痛下決心，離開工作十八年的ＩＢＭ，期望在離開熟悉的環境後，能夠有些新的發現。但在嘗試了兩份不同的工作後，我發現自己還是回到了原點，仍然找不回以往那份對工作的投入與熱忱。

頓時，我陷入不知所措的困境，甚至開始懷疑自己的價值。之後就開始到處找尋意見，甚至求神問卜，希望有人能告訴我，到底什麼樣的工作，才能讓我重拾熱忱？困頓了許久，終於在朋友的建議下，轉而尋求專業諮商的協助。諮商師帶領我重新認識自己，從內在去挖掘自己究竟對什麼樣的工作有熱情。透過諮商，我對自己有了新的認識、對人也產生了新的興趣，原來，答案就近在眼前。我對著諮商師說：「我要做你做的工作！」

經過一番嘗試與確認後，我在二〇〇三年辭去企業界的工作，成為心理與諮商學系碩士班的全職學生，把人生下半場轉入諮商領域。猶記得，入學報到填寫資料時，我望著「家長」一欄，心想該填誰呢？年紀一大把重新上學，難道還要勞累白髮母親？於是我把老婆大人的名字填進去，讓她成為我的監護人，和一雙兒女一起交由她管束。五十歲成為校園的新生，和三十年前讀書應付聯考是完全不同的心態，這次，我全心投入，為自己而讀。

企業管理和心理諮商的結合

投入心理與諮商的學習後，由於過去的管理經驗，我注意到「企業主管教練服務」（Executive Coaching）在美國和歐洲風行的報導。經過進一步的認識，發現教練服務（Coaching）強調的是「答案在當事人身上」，所使用的方法和諮商很類似。因此我對它產生莫大的興趣，有如一片新大陸展現在我面前，這不正可以結合我對心理諮商的興趣和過去的企業管理經驗？

回顧生涯的重新定位，最大的關鍵莫過於心理諮商的幫助。它協助我進行自我探討，找到自我實現的新方法。並使我這個舊時代的一員，可以用新的思維、新的動力，繼續成長、融入新的時代，同時也有了事業的第二春，得以重新呼吸工作及生命中的新氣息，在熱忱中展現無限喜悅。

所以我想，如果透過「企業主管教練服務」，把心理諮商協助個人成長的諸多方法帶入企業；把自我實現及成長的新鮮空氣注入職場，相信可以讓台灣企業及更多人受益！於是，我以〈諮商輔導的新領域——「企業主管教練服務」的行動研究〉為論文題目，取得碩士學位。同時在求學之餘，也開始從事教練服務，從當時的兼職工作，到現在的全職工作，已經有十多年了。

所謂的教練服務是近年來在全球各地盛行的一種概念與方法，簡單地說，是「以非指導的方式協助他人發揮潛力、提升績效的方法」。應用於企業的情境中，就是企業教練（Business Coaching）；若是運用於個人的情境中，就是個人教練（Personal Coaching）。因為過去的經驗和專長，所以我將重點聚焦在企業管理的應用。

成為專業教練（Professional Coach）的這些年來，我服務的對象皆以企業的中高階主管為主。運用教練方法，協助這些主管自我覺察，看到自己在管理上的慣性模式及盲點，並調整領導模式。

之後我將這樣的教練方法發展成訓練課程，這個課程一方面適用於有志成為專業教練的人，另一方面協助企業主管，把教練方法運用在領導統御的工作中。如果企業主管也擁有教練技巧及知識，運用在員工身上，作為管理的工具，便可以產生很大的效果。因此在領導統御的工作中，使用教練方法的主管就叫做「教練型主管」。

我相信，「教練型主管」能改變一個公司的文化，讓企業不單是一個讓業績成長的場所，同時也是主管及部屬的成長園地，是一個雙贏的快樂境地！

教練方法和薩提爾理論的結合

在實際操作上，教練方法主要是以引導式、開放式的提問，協助當事人找到自己的盲點。然而，什麼樣的提問可以有效達到目的，往往必須從當事人的外在行為，溯源到內在的思維及心理因素，需要有心理學的理論為基礎。在各種心理及行為的探討學理中，我認為心理學大師薩提爾女士（Virginia Satir）發展出的理論與實務工具：薩提爾模式（The Satir Model），非常適合運用在教練方法上。

薩提爾模式著重於探索行為模式和內在心理因素的關聯，並且檢視哪些「模式」是健康且具成長性的、哪些模式則會限制人的成長。藉由這樣的探討，可以幫助當事人負起自我調整的責任，改善自我限制的因素，進而釋放出潛能。前面提過，教練方法是「協助他人發揮潛力、提升績效」，所以教練方法強調的並不只是「解決眼前的問題」，還要著眼於「人的發展」，也就是從「改變模式」得到成長及提升，這和薩提爾模式的理念是一致的。因此我結合教練方法和薩提爾理論，實際運用在專業教練的工作中，也有相當的成效。

六十歲的里程碑

這些年來，在實際的教練經驗及教學中，我不斷摸索著要如何把教練方法和薩提爾理論做更好的結合，並且嘗試將它形塑成為一個易懂實用的架構，讓有心帶領部屬成長的主管們，可以深入學習並運用。隨著這個架構漸趨完整，我決定將它集結成書，因此找來大學同學文琇一起進行這個工程。在經濟系畢業近四十年，人生半百之後，她和我都不約而同地對人本精神及個人成長產生興趣。我們用將近一年的時間共同討論並付諸文字，終於在今年告一段落。而今年，剛好是我人生中的第六十個年頭。

十二年前做的一個重大決定：將人生上半場歸零，並在人生下半場從頭開始投入助人的行業。當時我不知道是否能夠完成這個夢，然而我知道只要有熱情，我一定可以往前走；而十二年後，我仍然走在這條路上，熱情不但日益提高，而且可以說已經走得滿遠的。希望這本書能成為一個見證，記錄這些年來的學習與進展；也是個戳記，在往下一站邁進前，留下足跡與紀念。更希望藉由這本書，介紹並推廣我這些年來的所學，讓更多人能使用它，讓更多人能得到幫助。

我相信，一本書的影響力，會比我一個人親力親為，大上許許多多倍！

作者序2

轉化障礙，就能掌握人生

林文琇

去年三月某日午後，當我正悠閒地看著電視，突然手機響了，是大學同學Kent茂雄，他說想請我幫忙完成他出書的願望。而我竟然一口答應，他很驚訝，我自己更驚訝。掛完電話，我開始想，為什麼我毫不考慮就答應？退休後，我努力學習無事一身輕、學習說不，照理說我應該拒絕的！從那之後，我便一直在思考：究竟我會答應的理由是什麼？

首先我參加了茂雄的課程，他在呂旭立基金會有兩堂相關的課，一個是「薩提爾教練模式」，另一個是「從自我覺察到發揮影響力」，這兩堂課都是以他擅長的薩提爾模式為基礎。對薩提爾模式我有些熟悉，也有些陌生。在二〇〇五年中，當我選擇從工作二十七年半的中央銀行經濟研究處提早退休，重新張開眼睛看看外面的世界時，因同學家仁的介紹，報名了一個潛意識課程，展開全新領域的探索，走入桃花源。從大學時期就熱衷助人的家仁，也在重新思索她的人生規劃，跟隨茂雄的指引，她投入教練的學習，現在已是有成的專業教練。另一位同學阿謨，也完成了張老師的訓練，追隨茂雄成為張老師志工。而往前追溯，茂雄因朋友建議，受益於心理諮商，而轉進不同的領域。有趣的是，在年過半百，我們都拋開經濟學理論，回歸「人」的領域。隱約中，似乎有一個蝴蝶效應觸動了這一切。

初探自己的潛意識，激起我極大的好奇和求知欲。我大量閱讀心靈、心理書籍，也上了不少相關課程，漸漸走入內在之路，開始認識自己、認識「人」。體悟到原來活了大半輩子，我都不曾真正地認識「自己」，也不認識「人」。我摸索著自我覺察，從自己的起心動念、情緒起伏逆流而上，摸進塵封五十年的潛意識倉庫，爬梳出混亂堆疊的成見、定見、信念、價值觀及欲求。然後恍然大悟，原來我一直在放任這些庫藏原料，形塑出一個「被框架的我」。

經過反覆地重新整理、清除，我試圖把本心從這些細綁中釋放出來，然而，半百頑垢何其多！這實在是一條漫長的路。但漸漸地，我愈來愈輕鬆，身與心皆然。

在一次課程中，老師介紹了茂雄經常提起的薩提爾模式。根據薩提爾女士的說法，人的行為常常是非理性、不自知的。人的所言、所行，只是冰山露出水面的一小部分，在水面下有更多、更深我們不自覺的部分，隨時自行啟動，左右了上層的行為。

薩提爾的人本理念溫柔而堅定地告訴我們，人其實都想向善，想有好的表現，但受到冰山下層的牽制，卻呈現出不理想的行為、言語，乃至人生。如果能夠覺察到冰山下面的因素，也就是情緒、觀點、期待和渴望，並且一一轉化，人就可以由內而外煥然一新，進而掌握人生、創造人生。

薩提爾女士用簡單的現代語言，概括出我曾自修過的功課。雖然有些微妙的差異，而我也並未深入鑽研她的理論，但此後，薩提爾模式提供我一個更清晰的自修依據。是因為這樣，所以我一口答應嗎？

自我覺察梳理人生

透過和茂雄一次次的討論，經由一章章的文字整理，我一邊真正地學習薩提爾模式和教練方法，也再度檢視及整理自己，嘗試把自我覺察帶入整個工作過程中。自從答應茂雄之後，我的腦中開始迸出各種不同的聲音：很久沒被工作綁住了，我是不是自找麻煩？我到底對這些東西了解多少，是不自量力吧？從來沒有跟茂雄合作過，溝通會不會有困難？諸如此類，我聽到這些聲音，也一一放走這些聲音。

工作進行中，當我偶爾遇到困難，就覺察自己的情緒，梳理、轉換背後的觀點、期待、渴望，很快又峰迴路轉，恢復平順。我必須說，我很輕鬆愉快地完成這份工作。這也就是「心想事成」的祕密：當你轉化了冰山底下的各種障礙因素，一切就都順遂了。你可以掌握自己！

我曾想，如果當年工作時就能懂這些，而不是退休後才開始學習，工作的情緒及成效應該會有所不同吧？茂雄給了我一個機會，完成一項實驗。這也是我毫無遲疑就答應的原因嗎？

上了茂雄的課，很佩服他把薩提爾模式和教練方法，整合成一個簡單易懂的架構。茂雄形容自己是超理性、講究實用的人，果然如此。他已練就一身武功，對人的行為模式及冰山內容判斷犀利。在上課的演練中，同學的對話無法順利進行的時候，往往他一出手，一個簡單的問話，高下立見。茂雄志在把薩提爾模式的教練方法推廣給更多的企業主管。在職場多年，從初生之犢到小主管到退休，我自以為勉強學會了存活之道，但回想起來，一切應對都不過是冰山的碰撞，並沒有章法，也幸未沉沒。

事實上，即使搞懂、摸通了職場上的生存術，我心中依舊存著疑惑：職場就只能如此嗎？退休後的學習經驗，讓我常想，如果每個人都能自我覺察，都能更認識自己及別人的冰山，職場可以不只是耗損能量的，也可以不是盲、忙、茫的。若職場是一個人本的成長園地，家庭生活也會不一樣。這是我的想望，而茂雄則付諸實踐，他以實際行動，推動職場成為一個相互提攜成長的園地。這是我直覺答應的緣故嗎？

這些年來，茂雄不斷地揮動翅膀，把覺察之道的清新氣流送向職場。謝謝他給我機會，讓我能在這個美善的蝴蝶效應裡，也吹了一小口氣息！這本書雖針對職場的企業主管而寫，然而它的觀念、方法卻可以廣泛適用，可以用於學校、家庭，可用於助人、引導人，也可用於自己。相信任何有緣展讀它的人，都可以得到啟迪而獲益，我本身就深深受惠。

到底為什麼我一口就答應了？

或許，這本書就是答案！

前言

你能從這本書得到什麼？

這本書是為有志成為「教練型主管」或「專業教練」的讀者而寫的。

對於有志成為「教練型主管」的主管讀者，我希望他們不僅從本書中得到教練方法的概念，更能把它應用在日常的領導統御工作中；對於有志成為或現在已經是「專業教練」的人，我希望他們能夠從本書中觀摩到「見樹又見林」的教練方法，進而拓展他們的專業知識，也充實他們的專業工具箱。

我希望這本書能說清楚三件事：首先，教練的價值在於幫助他人「改變模式」，是治本的，而不只是治標的「解決問題」。「解決問題」只是一時的，如果部屬不能「改變模式」，問題將以不同的面貌，反覆地出現。因此它著重的是「人的發展」，聚焦在「人」，而不在「事」，從人的改變來消弭問題，事情自然可以順利進行。

其次，教練專業應該是理論與實務並重的。市面上多數的教練書籍與課程都著重於方法與工具，但如果一個教練只學習這些實務技術，而忽略技術背後的理論基礎，就很難做到幫助他人改變模式，充其量只能幫助他人解決問題。這也是我以薩提爾模式（The Satir Model）貫穿全書，作為本書理論基礎的原因。

最後，學習教練式領導雖無捷徑，但對多數人而言是可以做到的。只要你願意改變自己的慣性思維與行為模式，學習新的技能，並持之以恆地應用於實務工作當中。人是慣性的動物，固有的習慣經常會造成學習上的困難，甚至讓人放棄。因此我在本書中用了大量的例子，希望能深入淺出地協助讀者學習。

然而，如同我們學習任何新的技巧，在有了入門的知識概念與方法後，最重要的就是要練習，不斷練習才能熟練，熟能生巧後才能應用自如，沒有捷徑。當有一天，教練方法經由不斷練習而內化成為你的一部分，你會發現，你自己、你的部屬、乃至你的家人，以及你周遭的一切，都能得到轉化及提升。

這是我在本書背後的一個更大期許。

本書架構

本書分為兩個部分，第一部為薩提爾教練模式概論，其中第一章說明何謂教練式領導，依序闡述教練式領導的定義、運作方法、原理、運用時機及使用對象，幫助大家對教練式領導有清楚及深入的概念。第二章簡介薩提爾模式的理論以及如何應用在教練工作上。

第二部進一步詳細說明薩提爾模式在教練工作上的應用，其中第三章說明如何訂定教練晤談的目標，第四章至第七章分別說明何謂行為、情緒、觀點、期待的盲點，以及教練如何協助他人看到這些盲點，並加以排除。第八章說明如何從渴望的層次引發他人的改變動機。第九章則藉由問答來解答初學者的困惑，協助讀者踏上實踐的第一步，最後則是結語。

竭誠希望讀者能運用薩提爾教練模式，為職場注入一股清流。

40
30
20
10
0
-10
-20
-30
-40
-50
-60
-70

第一部
薩提爾教練模式概論

1 透視教練式領導

每當我說我是「企業教練」，我從事「企業教練服務」，多數人都一臉疑惑，看看我的身材，問：「你教企業？運動還是打球？」沒錯，教練（Coach）這一個名詞，大家耳熟能詳，但一般的認知都是在運動或是競技場上的教練，至於在個人生涯及職場上的教練，則不是一般大眾所熟悉的。

事實上，教練服務的概念也的確是起源於運動界。

一九七四年，美國教育學者及網球專家提姆．高威（Timothy Gallwey）寫了一本暢銷書《網球內心戲》（*The Inner Game of Tennis*），書中強調，教人打網球，技術上的指導並不是最重要的，如何協助球員排除心理上的障礙才是重點。他認為，只要內心的障礙能排除，一個人的潛能就可以發揮出來，也就能自然而然地順著身體及球的節奏把網球打好。他所提出的觀念及方法深具啟發性，讓這本書出版後廣受好評，也證實這是有效的方法。

簡單地說，高威心目中的好教練，並不是傳統的權威、指導式教練：總是在一旁不斷地下指令、不斷地糾正，要學員照著指示做。他認為好教練應該採用啟發、誘導式的方法，讓學員自己發現、自己矯正。因此，高威給了教練一個有別於傳統認知的新定義：「用協助學習而非給予指導的方式，讓人釋放出潛力而達到改善績效的目標。」

WHAT 什麼是教練式領導？

高威啟發潛能的觀念與方法，並不限於網球上的應用，他陸續出版了將這種方法應用在高爾夫球、音樂、工作等方面的書籍，而廣為各界所接受。各界運用他的觀念及方法，發展出不同領域的教練服務，包括親子教育、表演、藝術、業務績效及企業管理等等，高威也因此被譽為「教練之父」。

所以，讀者可以發現，同一個名詞「教練」，已經被賦予了不同的含義，在這個新的定義之下，所發展出的「教練方法」也和傳統認知的指導方法不同，它已成為一個新興的專業。因此在本書裡，你會看到「教練」有許多嶄新的含義，而它的背後也必須配合許多相關的理論和實務經驗。

就在高威出版《網球內心戲》後，美國電話電報公司（AT&T）一位副總請他指導網球，這位副總很欣賞高威的指導方式，並且和他談到公司所面臨的問題。結果，在無心插柳之下，本來是企業管理門外漢的高威，把他的觀念及方法引入企業，而成為企業管理界的新泰斗。

事實上到後來，他的觀念及方法在企業界所受到的重視，遠超過運動界。高威經常演講及服務的對象是企業的高階主管，而不是運動界。當主管將高威定義的教練方法應用於領導部屬，就是所謂的「教練式領導」。

在進一步討論「教練式領導」之前，我們先用輕鬆的故事，讓讀者很快能得到一些簡單但重要的概念。

辦公室狀況劇

下午三點半，張經理走進辦公室，沉著臉請祕書把小李叫來。兩個鐘頭前，老總的祕書也把張經理叫去，老總也是一臉嚴峻。老總嘮叨了半天，內容跟前天在會議上講的大同小異：上個月的業績不如預期，這個月若還是沒改善，可能會如何如何……。然後又照例提起，當年他一個人提著手提箱，走遍天涯海角，一家一家公司拜訪，好不容易德州一家公司，給了他一個大訂單，才從此翻身。

老總的意思是，各部門經理的幹勁都不如當年的他，責任心也不夠。

張經理也知道，老總接下來的一兩天，又會把每個部門的經理叫去，再重複一樣的話，要他們回去仔細檢討。其實，上個月的公司業績不如預期，是因為外銷部門有一筆大訂單被國外客戶暫時延後，和張經理負責的國內銷售一點瓜葛也沒有。但既然老總發飆，張經理也得做些什麼。

張經理當下想到的第一件事是要找小李談談。小李負責督導國內經銷商將近一年多。已經離職的前任業務小林常與經銷商爭執，但小李個性比較溫和，經銷商對他的風評也不錯。而小李也很認真，業績比前任好，應該可以栽培。但最近小李似乎和經銷商站在同一陣線，常批評公司對經銷商的一些規定和要求太沒彈性。張經理覺得，小李的立場和公司不一致，將來的銷售可能會受影響，因此非得改變他的觀念不可。

小李進來了。張經理把公司對經銷商的規定攤開，逐一解釋當初訂定這些規則的緣由及歷史。張經理認為，如果小李能更了解這些規定的來龍去脈，態度應該會有所改變。張經理也講了許多當年他督導經銷商的經驗。說了將近兩個鐘頭，口都乾了，才讓小李離開。

人才剛走，祕書就進來打小報告，說在洗手間聽到小李的助理說，小李搞不好會萌生去意，因為他不喜歡公司的文化。張經理聽了怒火中燒——什麼文化不文化，他剛才可是一句責備的話都沒說出口，小李若聽過老總的訓話，才知道什麼叫文化！

張經理氣還沒消，手機就響了。老婆大人打來，問他會回來吃晚餐嗎？記得買鮮奶回來。她還氣呼呼地說：「你嘛幫個忙，管管你兒子，放學到現在一直在玩電玩！」掛了電話，張經理想到老婆憤怒的臉孔，想到兒子桀驁不馴的模樣，嘆了一口氣：這是什麼家庭文化！

觀眾的反應

對以上情節，大家有何想法？

先看看年輕觀眾的反應：

「小李一定有很多不滿，就等他哪天好好地嗆回去，加倍奉還！」

「省省吧，上面的怎麼說，唯唯稱是就好，吃人頭路，有錢拿就好。」

「唉，小李的感覺我都懂，在家聽父母說教，在學校聽老師說教，到了社會聽主管說教。要嘛，聽煩了就走人，不然呢，就等耳朵長繭。」

如果觀眾和張經理一樣是個主管：

「唉，張經理的處境我最懂，做人比做事難，管人更是天下第一難！」

「部屬千奇百怪，什麼樣的人都有。能力好的，個性有問題；個性好的，能力有問題。」

「有的教也教不會，教會了就要另謀高就，真難啊。」

有這麼一位有學問、有知識的觀眾則主張：

「要上管理學啊！」

「老總、張經理都要好好地上管理學！」

好建議！我們看看老總、張經理怎麼說？

劇中人的想法

老總抽了口雪茄，斜著眼，緩慢而堅定地說：

「我怎會沒上過管理學？常常我們商會聚餐時，也花了不少錢請許多有名的管理大師來演講。台上是大師，台下是大老闆。」

「就像我一些企業家朋友說的，什麼策略啦、權責啦、檢討啦，那些東西我們哪會不知道，不然公司哪有今天，就差在我們沒把它變成理論。」

「說真的，理論說起來頭頭是道，經驗和實際行動還是最重要，那些大師，叫他們自己創業看看啊，有本事像我提個皮箱，闖蕩江湖，開疆闢土？沒那麼容易的！」

「有啊，有啊，我都叫公司的主管們去上管理課，畢竟公司大了，各部門的主管也得多承擔一些責任。」

張經理一臉無奈，連連嘆氣。

「唉！我從大學就副修企業管理，出了社會，也到處聽講座。收穫？不能說沒有，知道了很多概念、很多理論。唉！但是憑良心講，人家都說『書到用時方恨少』，我是『理論到用時，方恨多』，在管人時，滿腦子理論，還真不知怎麼用，一下想起這個，一下想到那個，偏偏每個效果都有限。」

「說起管人，唉！每個部屬各有各的個性、各有各的脾氣、各有各的想法，也各有各的盲點，這應該是家庭和學校的教育問題，主管真的很難改變部屬！」

「因材施教？我也這麼做啊！針對不同的人，我也看到不同的問題，設法講不同的道理給他們聽。唉！結果也不知聽進多少，常常沒多久又故態復萌。」

「試試別的有效方法？我也希望有其他的方法。」

「我真希望有一個很實用的方法，可以實際地用在不同部屬身上，真正地改進他們的工作表現。」

「真的有方法？」

不同的方法

的確，有一套方法可以解決張經理的困擾！

在詳細介紹這套方法前，我們先看一下志明的故事。

有一天，志明的兒子小胖愁眉苦臉地向志明求救：

「爸！老師說作文至少要寫五百個字，我寫了一半，寫不下去了。」

志明拿起小胖的作文，作文題目是〈我的媽媽〉，小胖這麼寫著：

「我的媽媽真偉大，我的媽媽像月亮一樣照耀我的家，我媽媽的愛比山還高，比水還深。我的媽媽一針一線為我縫衣服，是慈母手中線，遊子身上衣。我的媽媽廚藝精湛，常不辭辛勞，煮上一桌豐盛的佳餚，讓全家人垂涎三尺。」

志明看了心想：兒子的媽不就是我的老婆大人春嬌嗎？怎麼我都不認識這位偉大的媽媽？

志明想想後，對小胖說：「你已經寫不少了嘛！還文情並茂，不容易耶！你怎麼想出來的？」

小胖說：「我上網查的。」

志明說：「網路上東西好多啊，那你是怎麼挑選這些句子的？」

小胖開心地說：「這些形容詞很棒，老師說作文要會用形容詞，才是好文章。」

志明說：「哦，所以你覺得這些形容詞很適合形容你媽媽？」

小胖有些遲疑了：「適合形容媽媽？好像也不怎麼適合。」

志明問：「譬如說？」

小胖有些不好意思：「我不知道為什麼媽媽像月亮，不像太陽。媽媽煮的菜其實不好吃，我只是喜歡垂涎三尺這個成語……」

志明一聽，對了，開始像自己的老婆大人春嬌了。他接著問：「為什麼媽媽煮的菜不好吃？」

小胖想想：「媽媽說健康比美味重要。可是，媽媽也說，她真的不會做菜。這可以寫在作文裡嗎？」

志明說：「這不就是你媽媽嗎？為什麼不可以？除了不會做菜，媽媽會做什麼？」

小胖很快地回答：「她會做好吃的爆米花，她還會唱歌，大家都說她唱得好。她愛敷面膜，她會每天一早就起來為我準備早餐……」他說了一連串，最後拿起作文簿說：「爸！我要趕快去重寫，五百個字太少了！」

小胖跑回自己的房間專心寫作文，志明也開心地繼續看職棒大賽。

在上面的情節中，志明可能有不同的選擇以及不同的反應：

反應一

志明說：「你搞什麼名堂？根本是偷懶，上網亂抄一通！天下文章一大抄，自己不會動腦筋。」然後小胖就會很生氣地說：「不上網找資料，要怎麼寫作文？同學不也都這樣！」從此以後他還是上網找，但不告訴志明，以免挨罵。而且小胖變得再也不喜歡寫作文。

反應二

志明說：「唉唷，這哪是你媽？來，我唸你寫：我的媽媽有潔癖，常常……」

小胖照著寫了，但他不懂為什麼爸爸說媽媽有潔癖，他倒覺得爸爸不應該把臭襪子亂放，但也不能不照著寫。小胖學會以後凡事問爸爸就好了。

反應三

志明說：「唉，你怎麼寫成這樣？成績會很難看的。算了，老爸幫你重寫。」

小胖手也不用動，腦也不用動，當然越來越胖了。

很顯然，如果志明用不同的方式跟小胖對話，結果大不相同。責罵、糾正、越俎代庖的結果，小胖的作文雖然交差了，但事後並沒有真正地學習，以後寫作文時依然會有問題。從這個例子，我們看到志明用的方法，不但讓自己比較輕鬆，對小胖的長遠發展也是比較有效的。這就是教練式領導的方法。

接下來，我們就來進一步認識教練式領導。

HOW 以提問引導他人自行找到答案

志明選擇的教練式領導方法有什麼特色呢？簡單地說，他不指責，也不指導小胖該怎麼寫作文，或該寫些什麼，只是用一些引導式的提問，讓小胖自己去思考，然後自己解決問題。志明雖然沒學過教練式領導，但他卻用了其中很重要的技巧，也發揮了作用。這個技巧就是：**以引導式、開放式的提問，協助當事人自己找到答案。**

也就是說，碰到問題，先不做任何的評斷及建議，而是用提問的方式，讓當事人去思考、回答。然後，教練根據當事人的回答，分辨狀況及可能性，但仍不存有定見，而是繼續提出探索性的提問。在反覆地**「發問、傾聽、分辨、回應」**之下，逐步讓當事人在自省、自覺的過程中，找到適合自己的答案。

很重要的是，所問的問題必須是「開放式」，而不是「封閉式」的。「封閉式」的提問是可以用「是」或「不是」來回答的問題。「開放性」的提問則無法用「是」或「不是」來回答。

當志明問小胖「你怎麼想出來的？」就是一個開放式提問，如果他問的是：「你是不是上網抄來的？」就是一個封閉式提問。請注意，像「你是不是上網抄來的？」這樣的封閉式提問，通常顯示提問者已經有了主觀的判斷（我認為你是上網抄來的）或評價（你不該抄襲），因此容易引起對方的反感與防衛。而像「你怎麼想出來的？」這樣的提問，除了不容易引起對方的防衛，還可以引發對方的思考，同時讓提問者更了解對方。

再者，提問並不是質問，不是立法院上咄咄逼人、尖銳的問話，那是想要給對方壓力、甚至帶著上對下心態的提問。教練式領導的提問，是帶著好奇、想了解對方心態的提問。而提問也不是無的放矢、亂問一通，這樣就算問上一萬個為什麼，也是一點成效也沒有。

所以，提出的問題必須能讓對方提供有用的資訊，作為你客觀分析判斷的基礎。提問還必須有引導作用，有啟發性，才能達到效果。因此，如何提問及分析是一門學問，需要理論及經驗來支撐，這是本書後面各章節的重點，我們將會一步步地帶你學習。

WHY 自覺、自信、自發帶出潛能

教練式領導之所以有效，在於它不是強制性的指導。一般習慣使用的單向指導方式，直接告知對方怎麼做，往往忽略個人的內心反應、自由意志及潛能。然而，教練式領導則掌握了人性的本質：人的內心底層是愛好自由的，不喜歡被干預，同時也都想呈現自己美好的一面。因此，在自覺、自發之下，學習動機愈強，也愈能發揮自信及潛能，將事情做好。接著我們將更詳細地解釋，為何教練式領導比指導式領導更能讓部屬發揮潛能。

不提供答案可以引導學習

在教練式的領導中，主管只是提問，而不給答案。

記得，我在IBM剛晉升為主管不久時，上司要我擬一份市場策略。還是個菜鳥主管的我，絞盡腦汁，好不容易弄出一份書面報告，面呈上司。那位老美只看了第一頁，什麼也沒說，就扔還給我，要我重做。我誠惶誠恐，回去重新弄了一份，結果還是慘遭滑鐵盧。於是第三次、第四次……。在這個過程中，我覺得非常挫敗，不知道問題出在哪裡，也懷疑自己是不是無法勝任這個工作，該掛冠求去？所幸另一位主管給了我很多鼓勵和指點，我硬著頭皮繼續努力，終於在七進七出後過關了。很快地，我發現我學會了制定策略的所有相關事項，而且在往後的工作上都非常受用。

我也發現，因為自己摸索、自己找答案，我學得更清楚、更深刻。如果當初老闆一一指正我提出的策略，我也照著他的答案一一改正，我的學習將非常有限。不過，那位老美只是一味地展現他的美式作風：開放但強勢，不懂得教練方法，少了引導與鼓勵，使我差點因為壓力太大而掛冠求去。如果他懂得教練方法，我可以減少許多負面的心理反應，學習會更快速有效。

開啟自我覺察

自我覺察指的是看到及了解自己發生了什麼事，以及自己經驗到什麼。不過，**自我覺察並不是自我批判，而是客觀、清楚地覺知到，自己呈現了什麼樣的行**

為、產生什麼樣的情緒、有什麼樣的觀點。

人自稱為理性的動物，但在實際上，人的許多行為反應經常偏離理性，甚至可能是無意識或是習慣性的反射動作，因而產生和自己期待不符的結果。

人其實並不真的認識自己。教練式領導透過開放式的提問，可以引導部屬仔細看清自己的狀況，對自己的行為、思維有進一步認識，並且看到一些習慣性的反應及盲點，展開一連串自我覺察及自我省思的內在過程。在個人的成長路途上，覺察是非常重要的關鍵。只有透過自己的覺察，看到自己的行為及思考模式，才會有改變的動力。

協助他人提升覺察的能力，比教他們各種技巧更重要，因為當覺察的能力提升後，他們就可以用最適合自己的方式提升績效，而不需依賴他人，這基本上就是「教他釣魚，比給他魚吃更重要」的概念。

本書下一章將提到的薩提爾冰山理論，就是一個幫助覺察的好工具，也是本書的理論基礎。

指導帶來干擾、誤導與抗拒

在高威的《網球內心戲》一書中，所謂的「內心戲」指的是，當教練在一旁指導打球時，學習者的內心也在進行一場自我交戰。

舉例來說，學員耳聽教練的指令，內心卻不斷隨著指令，產生自我對話：「太晚揮拍？我怎麼又太晚揮拍了？」、「是不是腳步不對？我真沒有天分。」等等，沮喪、自責、懊惱、焦慮等各種心理上的交戰紛至沓來，分散了專注力，形成了學習的障礙。因此愈多的指導，尤其是指責式的指導，引發愈多的內心反應，造成愈多的干擾及障礙。引申到企業管理上，指導式主管會不斷地告訴部屬，你應該如何如何，不應該如何如何，這樣的方式往往達不到所要的效果，反而造成干擾，造成反效果。

大家都有這樣的經驗，當你聽了一大堆的應該、不應該之後，做起事來，會陷入緊張、焦慮或者猶豫不決的心理狀態，每做一件事，就會想到：這樣做到底對不對？和主管的意思究竟相不相符？於是，你失去了自己的判斷力，也對事情的本身無法專注，因為你專注的是遵從主管的指令，而不是工作本身。結果，愈是怕錯就愈會做錯，身心壓力也愈來愈大。

應該、不應該的指令，很容易引起心理上的抗拒。有心理學家指出，一些權威式的命令會造成潛意識的抗拒，可能導致陽奉陰違，或是根本反其道而行。如果主管的管理方法是指責，成效會更差，因為責罵必然引發對方的自我防衛，而抗拒改變。

語言式的指令也有它先天的缺陷。一個用語，雙方的認知可能會有很大的鴻溝，因為語言的表達本身就有它的侷限。例如主管說：「這個客戶你要給我看緊！」於是，部屬三不五時打電話問候客戶，而未注意出貨的品質是不是符合客戶的需要。

結果，在指導式的管理下，部屬常花時間及心思在理解或猜測主管的意思，而不是把腦筋動在工作本身。但如果解決問題的方法是出自員工的思考，用他自己的語言說出，就少了言語傳達的認知誤差。

以上許多干擾都讓部屬的潛力無法正常發揮，我們可以用下列的公式來描述這種狀況：**績效＝潛力－干擾**。教練式領導的目的就是要儘量減少干擾，讓部屬的潛力能完全展現在績效上。

提升自信和責任感

在指導式的領導方法下，有時主管不是命令事情應該、不應該怎麼做，而是大費周章，苦口婆心地解釋事情的緣由、錯在哪裡，以及為什麼要這樣做，試圖要做一位很好的導師，就如前面的張經理一樣。然而在這過程中，部屬最終只是記憶主管的思維和指示，並不能真正啟動自發的思考，也無法覺察到自己的盲點。

不僅如此，在這過程中，部屬往往還一再告訴自己：「主管的想法才是對的，我遠不及主管。」於是自信心就在自我懷疑、自我批判中一點一滴流失了。假如主管用的是責備的方式，部屬的自信崩解得更快，對主管及工作的對抗情緒更重。最後養成了凡事請示主管的習慣，若出錯了也是主管的錯，不是自己的責任。

反之在教練式的領導下，部屬學會了自己動腦筋，學會了找到自己的方式和答案。而既然答案是自己提出來的，就會更自發地去承擔，如此自信心和責任心就建立起來了。部屬在這過程中，完成了一段珍貴的學習。這種學習是自發性的，將逐漸內化為自己的一部分，不容易抗拒、誤解或是忘記。

當一個人經過自我覺察及省思，且經由選擇後做出決定，才會真心地接受這個決策，並願意為之負責，也才會真正的投入行動，個人的績效才會提升。

你的答案不見得是我的最佳答案

前面志明教小胖寫作的案例中，如果志明用口述的方式，叫小胖依樣畫葫蘆，當志明說「媽媽有潔癖」，他陳述的是自己眼中的老婆，根本不是小胖眼中的媽媽。每個人的個性與觀點、做事方法各有不同。適合你的方法，不見得可以套用在別人身上。因此，你的經驗不等同於我的經驗，你的答案不見得就是我的最佳答案。

教練式領導的一個重要精神是，相信當事人找到的答案才是最適合他的答案。而且只要能夠讓一個人排除干擾、發揮潛力，那麼他通常就能夠找到屬於自己的答案，也是最佳的行動方案。

改變模式而不只是解決問題

在本書前言我們就強調過，教練的價值在於幫助他人「改變模式」，而不只是「解決問題」。因此，它著重的是「人的發展」，重點在「人」，從人的改變來消弭問題。舉例而言，客戶抱怨產品有瑕疵，我們將產品修好或換個好的產品給客戶，這是解決問題。如果我們進一步探究產品為何產生瑕疵，而發現根本的原因是設計不良，並且改變產品的設計，從此以後就不會再產生瑕疵品，這就是改變模式。

用在人的身上也是如此，例如，部屬無法取得其他部門的資料，而向主管求助，主管親自與其他部門協調而取得資料，這是解決問題。如果主管進一步探究為何部屬無法順利取得資料，發現問題的根源是部屬的溝通方式不良，以致別人不願意提供資料，然後主管進一步協助部屬改善溝通方式，讓他比較容易得到他人的合作，這樣不只解決了此次的問題，同時也避免類似的問題重複發生，這就是改變模式。

同樣地，在前面的兩個例子中，張經理覺得小李似乎和經銷商站在同一陣線，以及志明發現小胖的寫作方式是上網抄襲，這些狀況其實都可以說是一種行為模式。如果不能從改變模式著手，而只求解決眼前的問題，就是治標不治本的處理方式。

我們一再強調，教練式領導目的在於引導部屬看到自己行為的盲點，進而改變行為模式，避免類似的問題重複發生。這是教練式領導之所以能夠產生成效的一大關鍵，因此本書的後面幾章，也將聚焦在探討個人盲點及改變模式的方法。

事實上，當主管用教練方式時，部屬就可以面對主管的提問，一步步思索問題，啟動自我覺察，最後自己找到答案，這樣的過程已開始改變了部屬過去面對問題的反應模式。

企業的活水

在離開ＩＢＭ之後，我決定嘗試不同的企業文化，所以選擇了一家本土公司就職。很快地，我就發現文化果真大大不同。

這是一個家族企業，創辦人為了培育接班人而讓子女擔任集團旗下子公司的董事長。其中一位是我的直屬上司。我很驚訝地發現，我的上司連幾十萬新台幣的計劃都要父親批准才能執行。不只如此，在會議上連高階主管都經常要向上級請示，而後領旨奉行。這對我而言真是文化衝擊。在IBM每個員工都知道，凡事都要先提出自己的答案和計劃，才能面對主管。

我不安地想，未來如果想在這家公司發展，我得加把勁的，恐怕不是增進自己的專業知識和能力，而是要適應這種凡事都要請示、必須符合上意的企業文化，才有機會得到創辦人的信任，這點恐怕給我五年、十年都做不到！於是一年多後，我決定辭職。

離開前，我提出建言，建議創辦人若有心栽培子女就得好好放手，讓新的一代有機會學習。雖然學習過程難免要付出犯錯的代價，但若要傳球，就不能老是擔心球會掉，否則是永遠傳不出去的。不過我沒說出口的是，一個一言堂的企業，風險太大了。當時我還不懂教練方法，否則我會建議他學習教練式領導，但恐怕他是聽不進去的。

在當今知識經濟下，各種科技日新月異，經濟環境變化飛速，指導式和權威式領導很容易遇到瓶頸。如果能利用教練式的領導，把企業打造成學習型的組織，讓員工的潛能充分發揮、集思廣益，不斷為企業注入活水，將有助於企業永續發展。教練式的領導在需要創新、創意的企業尤其能發揮成效。

WHEN 主管的三頂帽子

有經驗的主管看到這裡，一定滿肚子狐疑：可行嗎？那得花多少時間？我哪有那麼多生命和部屬耗？我怎麼可能凡事等著部屬的答案？工廠失火了，難道我還問部屬：「你認為該怎麼做呢？」的確，我必須強調的是，教練式領導只是主管的利器之一，而不是全部。

我認為，現代的領導人必須能夠平衡地扮演三個角色：主管、老師及教練（請看圖1）。這三個角色的最終目的，都是在於發揮影響力，透過部屬完成組織賦予的任務。但是這三個角色發揮影響力的基礎及關鍵各有不同。領導人必須看狀況和時機，戴上不同的帽子，扮演不同的角色。

圖1 主管該有的三頂帽子

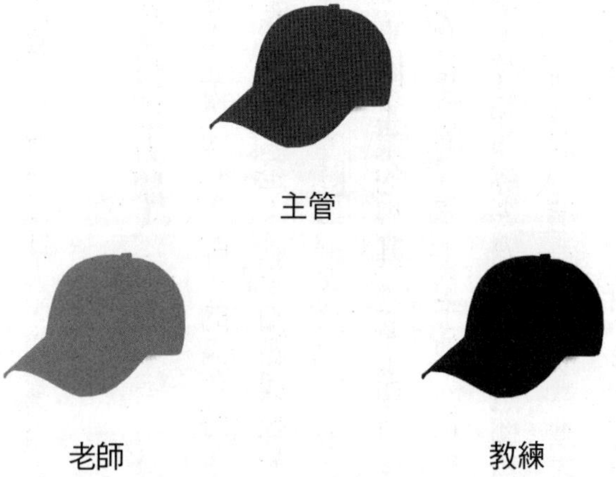

主管帽：以權力服人

領導人在扮演「主管」的角色時，影響力的基礎來自於「以權力服人」。有些狀況，主管擁有最終決定的權力。

譬如打考績，即使主管可以和部屬討論他對績效的看法，但考績的主導權終究歸屬主管。這些權力還包括核定薪資與職等、分派工作任務、開除或遣散人員等組織所賦予的法定權力。在這些方面，主管發揮影響力的關鍵在於，是否能合法而適當地使用這些權力。合法指的是符合法律及公司的規範，適當指的是能夠恩威並施。

主管如果過於依賴這個角色，時時

戴著這頂高帽，不肯脫下，就只能帶領出一個唯唯諾諾、因恐懼而工作的團隊。相反地，如果做為一個領導人，卻把這頂主管帽子束之高閣，不會適時扮演這個角色，則容易被視為濫好人，導致自己忙碌不堪，但卻仍然無法完成團隊的任務。

老師帽：以能力服人

領導人在扮演「老師」的角色時，影響力的基礎來自於「以能力服人」。所謂能力指的是：產業知識與經驗（譬如金融業、製造業）、組織功能知識與經驗（譬如銷售、財務、人資等）、專案管理知識與經驗等能力。這些專業的知識及經驗，事關企業的根基，必須要有所傳承。這頂帽子發揮影響力的關鍵，在於是否能透過有效的溝通，給予他人指導並傳承經驗。

不過，如果領導人過於依賴這個角色，過於「好為人師」時，往往會成為團隊的瓶頸，因為他的指示容易成為團隊的標準答案，部屬會忽略向外追求專業知識及技術的提升。反之，若不會適時扮演這個角色，則會讓部屬失去方向感、或得不到該有的指導，如同在迷霧中盲目摸索。

教練帽：以德服人

領導人在扮演「教練」的角色時，影響力的基礎來自於「以德服人」。所謂「以德服人」指的是：引發他人自行解決問題的動機，並從中得到成就感與成長的能力。發揮影響力的關鍵則在於是否能夠協助他人發現盲點、釋放潛力。如果領導人過於沉溺在這個角色，可能導致團隊效率不彰。但如果不會扮演這個角色則無法激勵人心、培育人才或讓團隊發揮創意。

轉換角色時機

那麼，領導人該在何時戴上哪頂帽子呢？基本原則是，在一些緊急而重要的狀況下，領導人當然得身先士卒，掌握自己的職權和專業，指導團隊迅速地解決問題，此時領導人該戴的是「主管」或「老師」的帽子。如果是業務目標、計劃、策略的訂定或培育人才等，這些任務很重要但並不緊急，則是戴上「教練」帽子，此時是使用教練式領導的最佳時機。

許多領導人不願意採用「非指導」的教練式領導，因為這種方式通常要花費他們更多的時間與精力，而「給予指導」則可以更快速的解決問題。所以當領導人戴上教練的帽子時，必須將目標放在幫助部屬改變模式，而非只是解決問題，否則就無法凸顯這頂帽子的價值。如果能從根本改變模式，同樣的問題不會一再發生，從長期來看，教練式領導反而更省時省力。

另外，若有意培養某一位優秀部屬，教練式領導是一個很好的培訓工具。但對某些狀況連連、屢勸不改的部屬，可能就要考慮戴上主管的高帽子，請他另謀高就，而無需費心了。

根據我的經驗，主管與老師這兩頂帽子，是領導人最常戴的，有的人還只偏好其中一頂，帽子都破舊了也不肯脫下。至於「教練」是多數領導人最不熟悉的角色，卻又是當今知識經濟時代的領導人所必備的。知識經濟時代最需要的是創意，以及在工作上得到成長的動力，才能幫助企業向前邁進，這與工業經濟時代所注重的標準作業程序（SOP）大不相同。

從上面的討論可知，「主管」及「老師」的角色可以幫助領導人做好管理控制，然而「教練」的角色才能幫助領導人，在組織裡孕育出能使人發揮潛力與創意的環境。

WHO 教練式領導人的課題

有個聰明絕頂的領導人看到這裡，把書重重往桌上一丟，這並不是拍案叫絕，而是勃然大怒：「可惡！想騙我？說什麼改變部屬的行為模式，根本是衝著我來，想要改變我的模式？我哪這麼容易上當？」當我向企業高階主管介紹教練式領導時，也有人聽不到幾句，馬上打斷我，然後躊躇滿志地演說起來，內容不外乎：「這方法我懂，我就是這麼做的，當年我就是如何如何，把企業從無到有建立，到現在這個規模。」我發覺，愈高位、愈成功或自認為成功的企業人，愈是如此。

也有的主管比較客氣，一邊聽我講解，一邊頻頻點頭，最後告訴我：「你這東西很好，我底下的某經理和某處長，最需要學這個了。」簡單地說，他認為自己已經做到了，所以他不需要，最需要的是他的部屬。這樣的狀況非常多。當企業的人資部門和我接洽，希望我去企業進行教練式領導的培訓，我都會問：「這只是人資部門的意見，還是也已經得到高階主管的支持？」如果只是人資部門的意見，而高階主管並無此意願，可以預見成效有限，我也就興趣缺缺。

所以，誰不能成為教練式的領導人？答案很清楚，那就是「拒絕改變的人」。那麼誰適合成為教練式的領導人？如果你還想繼續看下去，就表示你有著一顆開放的心以及旺盛的求知欲，你就是適合學習教練式領導的人！

的確，初接觸教練式領導，許多主管會有很多的抗拒和疑慮，不自覺就展開一場內心戲。張經理心中可能會這麼嘀咕著：「你知道我是誰嗎？我是這個公司的經理耶，我在這裡做了近二十年，待過好幾個部門，苦幹實幹多少年。你知道小李是誰？他才出社會沒幾年，進公司也才兩年，他的歷練還差得遠呢！我也不是獨斷獨行的人，也有讓他發表意見再決定該怎麼做。但是，用你這個什麼教練方法，萬一他說出來的東西，以我的判斷是不可行的，那怎麼辦？你又說什麼我的答案不是他的答案，我的經驗不是他的經驗，那是要我不要信任自己，選擇要信任他？他行嗎？」

張經理如果有心成為教練式的領導人，在心態上就必須調整，否則就算學會了方法，也無法真正看到成效。所以，我常強調，教練式領導最重要的不是技術，而是心態。從指導式領導，走向教練式領導，領導人在心態上面臨的調整有下列幾項：

信任他人

要把對他人能力的不信任或疑慮，調整為對人的信任，相信每個人都有潛力；相信部屬不是找不到答案，而只是潛力還沒有發揮；相信透過適當的引導，對方潛力將得以表現；相信每個人都渴望呈現自己好的一面，而這個渴望是把事情做對、做好的一大動機。

開放好奇

放下自己的定見，抱著好奇的態度，和部屬一起探索。若能真正相信部屬是有潛力的，在提問及引導上，自然從質疑，轉變為好奇，看看他們會提出哪些你

表 1 **指導式領導與教練式領導**

	指導式 Teaching	教練式 Coaching
定義	提供答案	引導學習
隱喻	給夥伴魚吃	教夥伴釣魚
假設	夥伴找不到答案	夥伴潛力未發揮
方法	說明、講解	聆聽、提問
來源	自己的經驗	夥伴的經驗
態度	心有定見	無知好奇
時機	緊急而重要	重要不緊急
目的	解決一個問題	改變整個模式

所沒想到的主意？如果以你的經驗判斷，部屬的答案讓你有疑慮時，依舊不評斷，維持著好奇心，繼續了解他的用意。在過程中，也許對方會有所修正，也許你也贊同了他的觀點，這都是可能的。

調整關係

採用教練式的領導，在心態上也要把部屬重新定位，不再把他們視為完全聽令行事的人。其實，教練式的領導過程也是一個權力下放的授權過程，兩者將從上下關係調整為工作夥伴關係，一起各盡所能把工作做好，不僅如此，還是成長夥伴，彼此可以相互溝通討論、一起成長。當部屬成長到足以擔當重任時，領導人就不必像管家婆一樣叨叨念念、事必躬親，而可以將更多的心思放在企業或部門發展的大方向上。

綜合以上所說的，我們可以把指導式領導和教練式領導的區別整理成表1。

可以想見，經過這些心態上的調整，張經理不再是以前的張經理，當然小李也會變得不一樣。難怪有句話說：當你改變後，別人也跟著改變。想成為一個教練式領導人，你心理上的調適準備好了嗎？

2 薩提爾教練模式

在第一章中，張經理所擔心的狀況果然出現了。小李和經銷商的關係雖然很和樂，一開始業績也不錯，但慢慢地就停頓下來，進入旺季後，業績也未達預期。於是張經理聽從朋友的建議，為小李找來專業教練曲教練。

按照教練式領導的一般程序，曲教練首先會和小李討論及設定「目標」，設定小李想要達成的理想狀態，而小李的目標就是達成預期的銷售量。再來是評估「現況」，了解小李的現況與目標之間的落差。接著就要引導小李儘量想出各種可以消除落差的方法，讓小李看到還有許多的選項，了解自己還有很多空間可以發揮，最後就是引導小李決定要採取的行動，把討論化為具體行動方案。簡單來說，就是：**確認目標→檢視現況→探索縮短差距的選項→決定行動**。

這是一個很好的教練程序，也是一般常用的程序。開發各種可能性是整個程序中最重要的步驟，但是很多當事人卻很難看到其他的可能性，或是看到了，也可能無法採取具體的行動，這就是當事人的盲點。因此，如果只是反覆運用這些步驟，效果有限。

譬如就小李而言，他覺得他已經盡力配合經銷商的要求，也向公司反應，總之能做的都做了，但業績還是不理想，實在無可奈何。當然小李未必真的能做的都做了，或者有些他認為不能做的，卻是好方法，這就是他的盲點。他就是卡住了。

排除內在干擾，才能發揮潛能

曲教練發覺，很多人其實是受到內在的某些限制或障礙所干擾，導致無法看到或採取不同的選擇，潛能因此無法發揮。若能排除這些干擾，情況就不同了。但是，這些干擾是什麼呢？

曲教練認為，這應該是內在心理層面的問題，必須借助心理學的理論，才能有效克服。曲教練涉獵了心理學，了解到當事人之所以會排拒其他可能性，是因為每個人都有一些固定的行為模式：遇到某種狀況，就自動地呈現某種固定型態的行為反應，也就自然地排拒其他選擇。

一種行為模式對某些狀況也許可以達到效果，但對其它狀況則可能窒礙難行，沒有放諸四海皆準的方法。**若是不管什麼狀況，都習慣用同樣的行為模式，就必然會出問題**。以張經理手下前後兩位負責督導經銷商的小林和小李來看，小林一向主張公事公辦，積極要求經銷商達成業績；小李則一直強調以服務熱忱來創造業績，這是他們兩人習慣的行為模式。結果小林和經銷商常起衝突，小李則出現了無法有效督促經銷商的問題。

習慣性的行為模式常常是身不由己的，當事人並不自覺。那麼，這些行為模式又是如何形成的呢？其實，在行為模式的背後潛在著許多因素，支配著個人的行為表現。若想要改變行為，就得從背後的因素下手，才能收到效果。

曲教練應用心理諮商界知名的理論「薩提爾模式」，讓小李跳脫固有的行為模式，使問題大幅改善。他的心得是，理論是前人經驗智慧的結晶，幫助他省卻許多摸索的時間。同時，一個理論必須簡單實用才是好理論，「薩提爾模式」確實是既實用又有效。

薩提爾模式（Satir Model）

維琴尼亞．薩提爾女士（Virginia Satir，1916-1988）是美國最具影響力的家族諮商大師之一，她曾被美國著名的《人類行為雜誌》（*Human Behavior*）譽為「每個人的家庭治療大師」。

目前在世界許多地方，包括台灣，都有薩提爾中心推廣薩提爾的諮商理念。薩提爾女士本人也曾於民國七十年受邀來台演講教學。她最受推崇的是家族諮商方面的成就。她是這方面的先驅，首創把個人的諮商擴及到整個家族。當薩提爾女士在進行心理諮商時，主要是觀察個人及家庭的互動關係，從中發現整個家庭習慣的互動模式，及每個家庭成員個別的行為模式，再透過一些轉化方法，讓個人及家庭逐步學習，改變固有的行為模式，達到家庭的和諧及個人的成長。

在整個諮商過程中，辨識行為模式，以及探討背後緣由非常重要。薩提爾女士知名的冰山理論，就在探討行為模式背後的因素。非常熱衷實務工作的她，發展出許多有創意的諮商技巧來協助當事人，例如家庭重塑、雕塑等，都受到極大的好評，以至於當今心理諮商界仍廣為運用。但是，薩提爾女士認為，這些技巧並不是唯一的重點，心理諮商師本身對人的信念，也是協助當事人療癒的關鍵。**人本信念及冰山理論是薩提爾模式兩大支柱。**簡單來說，**薩提爾模式是用人性關懷的角度（人本信念），來探索行為背後的緣由，並從中找到轉化的方法（冰山理論），以協助當事人重新學習及成長。**又因為薩提爾模式強調學習成長，所以也被稱為是成長導向的模式。

在我對心理諮商產生濃厚的興趣之後，便開始找尋坊間的相關課程，經由介紹，我到呂旭立基金會的薩提爾人文發展中心上課，參加薩提爾治療模式的專業訓練課程，從此展開了薩提爾模式的學習，也意外地和薩提爾模式結下不解之緣。

台灣薩提爾人文發展中心的師資，包括兩位定期來台授課的國外教授，約翰．貝曼（John Banmen）及瑪莉亞．葛茉莉（Maria Gomori）。他們兩位是薩提爾女士的嫡傳弟子，並長期跟隨她一起工作，和薩提爾女士亦師亦友，對薩提爾模式的應用非常嫻熟。如同約翰．貝曼教授所言：「我不是為了某個人或某個組織工作，而是為了我自己的使命——幫助人們成長、幫助人們更加幸福快樂而工作。到目前為止，薩提爾模式是我發現可以實現我的使命最有效的方法。」

人本關懷及成長導向的理念，正是薩提爾模式吸引我的地方，它讓剛開始摸索心理諮商領域的我，更加確認自己未來的方向。當時，我白天在企業上班，晚上上課，有時因為課程安排，還得從台北趕到台中聽課。後來有幸成為約翰．貝曼的助教群之一，得到進一步鑽研薩提爾模式的機會。此後，在心理及諮商研究所進修，以及實際從事諮商工作，乃至目前的教練工作，都不離薩提爾模式。現在，我也成了台灣薩提爾人文發展中心的師資之一。

薩提爾模式其實並不侷限於個人或家庭，它是具有普遍性的，因此也可以廣泛運用到職場上。這些年來，我將它和教練式領導結合，也證實薩提爾模式可以有效地應用到企業情境中。

人本信念及成長導向

對薩提爾女士而言，理論、技巧固然重要，但諮商師的信念更為重要。薩提爾女士本身是一位溫馨、真誠的心理諮商師，具有高度的人性關懷。她堅信人的本性都是向善、求好的，行為表現的脫軌失序並非病態，而是未發覺自己的價值。因此，她的治療著重於協助當事人向內自我探討，找到自己的價值，也重拾成長的動力。

她的人本信念概括如下：

- 人類雖然因為種族、性別、文化或環境而各有不同，但在這些表面的差異下，其實存在著許多共通之處，彼此之間有著緊密的連結。體會人類的連結及共同性，接納、尊重個別的差異，是個人也是全體人類的成長功課，可以為自己帶來和諧的人生，為世界帶來和平。
- 人生而平等，每個人都是有價值的，無高低上下之分。我們要肯定自我的價值，也要看到別人的價值。當人的價值被肯定時，個人的潛力就會釋放出來。

- 每個人都是獨一無二的，我們要鼓勵自己，也要鼓勵別人發揮自己的獨特性及潛能。
- 任何人的內心都渴望自己是好的，都渴望得到肯定，這是每個人改變及成長的潛在動機及力量，因此，人的改變及成長永遠是可能的。
- 每個人都有自己獨特的改變方式及歷程。每個人的改變方式，都來自於自己，或者說，每個人的答案都在自己身上。

人本信念為什麼重要？

一九六八年，哈佛大學心理學教授羅伯特．羅聖索爾（Robert Rosenthal）與李諾蕾．傑柯布森（Lenore Jacobson）做了一個研究，他們聲稱對一群學童做了智商測驗，發現可以將這群學童分成兩組，一組智商較高，一組較低，並把結果告訴老師。事實上，他們分組的方式只是隨機挑選，這兩組學童的智商高低，並沒有統計上的不同。

一年後，高智商組的學童，相對於另一組，智商分數都明顯提高了。因為，老師真的把這組學童當作可教之材，對他們的教學態度與方法也不一樣，學生受到鼓勵及刺激，智商也真的提高了，形成一個良性循環。

這是心理學上知名的畢馬龍效應（The Pygmalion Effect）實驗。畢馬龍是希臘神話故事裡的一位雕刻家，他愛上了自己用象牙雕刻出來的女神像，每天對著雕像說話，最後感動上帝，將雕像變成一位真正的女神。畢馬龍效應指的是「自我靈驗的預言」（Self-fulfilling Prophecy），其含義是當我們以正向的眼光看待一個人時，就會激勵出他的正向表現，反之，則將引發負向的表現。

薩提爾模式就是立基在對人的正面信念上。薩提爾女士認為，諮商師不應聚焦在當事人的缺點上，而要協助當事人看到自己的長處、肯定自己的價值，並且激發正向的行為。倘若諮商師對當事人抱持否定的態度，當事人是會感受到的，也會心生抗拒，如此雙方都會陷入泥淖中，導致諮商成效有限。

在職場上，對人的正面信念也是教練式領導成功與否的一大關鍵。

一九八八年，哈佛商學院的教授史特林．李文斯登（J. Sterling Livingston）發表了一篇文章——〈管理上的畢馬龍〉（*Pygmalion in Management*），把畢馬龍效應也應用於工作職場上。他指出，若管理者告訴部屬，他們可以成功地勝任某些工作，部屬通常能超越管理者的期待而且做得更好，因為部屬的自信會增加，潛在的能力也會被激發出來，績效因而隨著提高。

反之，李文斯登教授指出，若管理者對部屬不斷施予負面評價、責難，則部屬的表現與績效也會跟著變差。**因此，教練式領導人首先必須對部屬帶有正面信念，排除負面信念對部屬潛力發揮的不當干擾。**

冰山理論

薩提爾模式的冰山理論指出：人的行為，包括所做的或所說的，只是冰山露出水面的一部分，在水底下有更多我們看不到的部分，深深影響著水面上的所作所為。

這些潛藏在冰山底下的部分，多數人並不自覺，它彷彿是我們身心內建的驅動程式，隨時自動啟動，驅使我們做出某些行為，或脫口說出某些話，導致事後

圖2 冰山理論示意圖

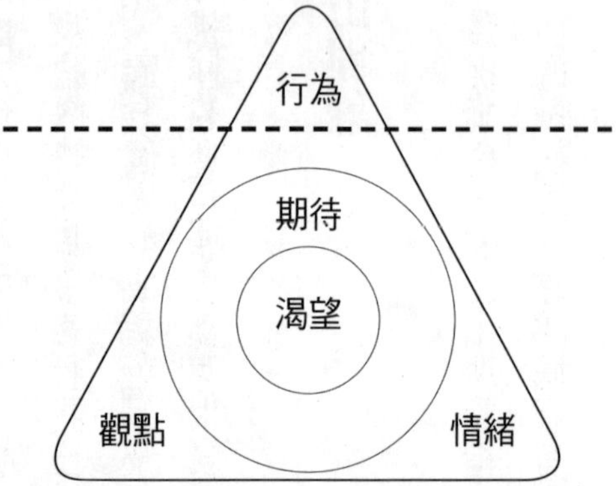

行為：作為及言語
觀點：想法、假設、信念
期待：滿足渴望的具體方法
情緒：喜、怒、哀、懼
渴望：愛人、被愛、尊重、接納、自由、意義

可能引發一些不良的後果。所以就算我們後悔了，提醒自己不要再犯，但當我們又碰到類似的情形時，同樣的行為模式往往又自動出現。

薩提爾指出，在冰山下潛藏著「情緒」、「觀點」、「期待」、「渴望」等四個要素。這些要素的內容，左右了冰山上層的作為及言語（請看圖2）。

情緒

情緒就是我們對人事物的心理感受，包括喜、怒、哀、懼等等。人類的行為受情緒感受的影響非常大，例如生氣了就開口罵人、出手打人，一高興就口無遮攔。愈是追隨著情緒感受，而自動產生的行為，愈可能出問題。

觀點

觀點指的是個人的看法、理解及詮釋。不同的人對同一件事的看法、理解及詮釋，因為個人的成長背景及主觀意識的不同，往往有很大的歧異。不同的觀點會引發出不同的行為及情緒。例如部屬被主管糾正，有的人會認為「主管就是愛找我麻煩」，有的人則認為「我好笨，真沒面子」，但是也有人會認為「主管在指導我，我學到了新東西」等等，各有各的看法及詮釋，因此也導致不同的行為反應。

每個人經由自己的成長經驗，都會形成一些固定的觀點。每當遇到事情，這些固定的觀點就自動跳出，產生相對應的行為。

期待

期待指的是心中預期、希望自己或是別人，應該採取某種行動或有某種成就。例如在工作上，希望自己每一項工作都做得正確無誤；部門經理調職了，則希望自己可以晉升，補上這個職缺等等。

每個人都有著各式各樣的期待，有對自己的，也有對別人的。當期待實現時，滿心歡喜；期待落空時則沮喪失望，而可能做出脫序的行為。不同的期待會引出不同的情緒和行為。

渴望

人的內心深處，都有著與生俱來的一些渴望，例如：愛人、被愛、被尊重、被接納、擁有自由、活得有意義等等，是個人生存價值的維繫，也是個人成長的潛在動力。

人類的行為大多在追求某種內在渴望的滿足。如果不能滿足渴望，行為就可能失序。例如，部屬若未得到他渴望的尊重，可能會導致工作上的懈怠。反之，當我們協助員工看到內在的渴望，就可以引發他改變的潛力。

了解冰山，創造無限可能

讓我們用一個簡單的例子來理解上述的冰山理論：

公司在南部新設經銷分處，需要晉升一位員工擔任分處經理。阿誠滿心以為出頭天的機會到了，沒想到得到晉升的竟是阿昆。阿誠非常的生氣和失望，認為公司不認可他的能力。他在公司創立不久就進來，而阿昆則晚了好幾年，況且他的表現也一直都比阿昆好。於是第二天阿誠就遞出了辭呈。

在這個例子中，阿誠的「行為」是辭職，「情緒」是生氣、失望，「觀點」是公司不認可我的表現，所以再待下去也沒前途，「期待」是升為南部分處經理，「渴望」是被尊重。假如這些冰山下的情緒、觀點、期待、渴望的內容能有所改變，行為也會不一樣。

如果阿誠改變「觀點」，認為「因為阿昆是南部人，所以比較適合這個職缺，這並不代表公司否認了我的能力，或我將來就沒有升遷的機會了」，那麼他就不會遞辭呈。因此，如果能引導當事人轉化冰山內容，則其外在的行為自然而然就會跟著改變。

冰山中的任何一個要素改變後，其他四個要素也都會跟著改變。當阿誠的觀點改變後，不只是他的行為會跟著改變，他的情緒也可能由「生氣、失望」改變成為「遺憾」（可惜這次的升遷機會是在南部）。

他的期待則由「升為南部分處處長」改變成為「我要繼續努力，等待下次機會」。而他的渴望可能還是「被尊重」，但他對於「被尊重」的定義卻已經有些細微的改變，觀點改變前的定義是「讓我升遷才是尊重我」，觀點改變後的定義則可能是「能夠接受一時的挫折而不自亂手腳，也可以得到他人的尊重」。

冰山下的情緒、觀點、期待、渴望等要素的內容及組合，其實存在著無限的可能性，可以供我們選擇。不同的選擇產生不同的行為結果，如果能理性地選擇，外在表現也就愈合乎理想。如果我們有能力覺察到自我的冰山內容，並有彈性地調整、選擇，人生的可能性就愈大，自我主宰及創造自己人生的能力就愈強。

然而，每個人在成長過程中，都會不自覺地形成一些個人執著的情緒、觀點、期待及渴望，而排拒了其他可能性，形成所謂的「盲點」，限制了個人做出理想行為的能力。若未能覺察，則不管外在的實際狀況，對任何人事物，都會自動開啟同一模式的冰山組合，終其一生將受冰山牽制，陷入困境。

因此若要改變一個人，僅僅是一味地勸導、矯正或譴責表面上的行為，很快又會故態復萌。但是，如果從冰山的各要素著手，才相對地較有可能讓這個人由內而外、治標又治本地改變行為模式。

薩提爾模式的諮商方法，即是帶領當事人探究及覺察個人冰山底下的內容，協助當事人理性地進行調整，有意識地重新轉化及選擇，進而做出合宜的行為，而不再身不由己地被慣性支配。

薩提爾模式運用於教練式領導

簡單來說，薩提爾模式是進入當事人的心路歷程，利用冰山理論揭開部屬的行為障礙及思維盲點，然後進行轉化及改變。因此，如果將它應用在教練式領導的提問過程，找出干擾部屬潛力發揮的因素並加以排除，將可以得到治本的效果。由此，前述曲教練的教練程序將調整如下：**確認目標→辨識並排除冰山盲點的干擾，開創新的可能→在行動中落實改變**。

以下我們先簡略敘述如何將這個過程用於教練式領導，接著再針對如何辨識並排除冰山盲點的干擾進行更詳盡的說明（請看圖3）。

訂定改變目標

進行教練式領導時，一開始我們會先確認談話的目標，若目標不合宜，就得調整目標，才能使整個晤談聚焦在一個重點上。目標訂定是否合宜，攸關晤談的走向，大方向一旦偏差，晤談的效果就大打折扣。本書第三章將針對目標的訂定原則提出建議。

辨識並排除盲點的干擾

辨識及排除冰山盲點的方法可以簡單歸納為下列三點：

一、探詢當事人的行為緣由，揭露當事人所固守的情緒、觀點、期待及渴望。

圖 3 **薩提爾教練模式**

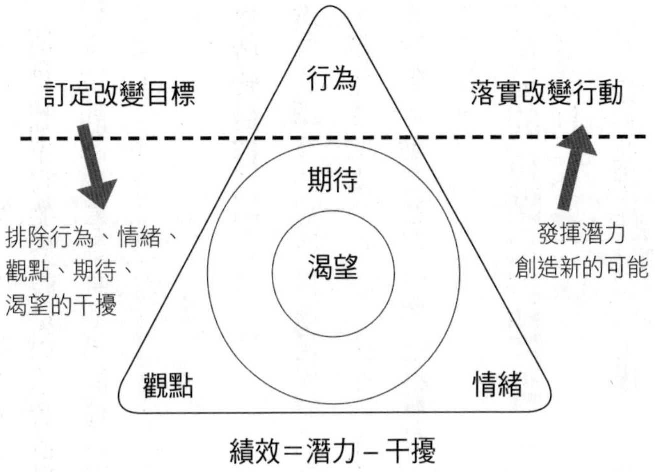

二、引導當事人探討、分析他固守的行為、情緒、觀點、期待及渴望模式對於其外在表現的利弊得失，進而認知自己的盲點。

三、引導當事人探討不同冰山要素的可能性，選擇並改變冰山要素，而創造出新的可能性、發揮潛力。

在過程中，主管必須充分地反覆提問，協助當事人自覺地發現自己的盲點，同時自發地思索改變，才能產生實效。因此，在進行中，主管即使自認為已經看到當事人的盲點，並形成一些假設或診斷，仍須保持客觀，反覆提問和驗證，讓當事人自行覺察，最後出現的結果可能會推翻主管的假設，但卻是當事人的真實答案。一旦當事人自覺地看到自己的盲點，同時也看到其他可能性，就可以突破既有框架的限制，把潛力發揮出來。

落實改變於行動中

教練式領導的最終目標是促使部屬改變外在行為，而不僅止於改變內在心理因素。以小李的案例來說，由教練在協助小李排除盲點的干擾後，得要引導小李訂出具體的行動方案並持續追蹤檢討，才算完成任務。

職場常見的盲點及教練策略

針對辨識並排除盲點的干擾，我列出職場上常見限制部屬成長及績效達成的盲點，並說明領導人可以採取何種教練式領導的引導策略，來幫助部屬排除這些盲點（請看表2）。

表2 冰山五要素的盲點及教練策略

冰山	成長的限制（盲點）	教練策略
行為	行為與目標背道而馳	探索行為效果
情緒	受困於情緒	同理回應情緒
觀點	驟下結論	理性論證觀點
期待	不切實際的期待	改變不切實際的期待
渴望	渴望未被覺察	覺察渴望，增強動機

行為盲點

我們的行為與目標常常背道而馳而不自知。例如擔任主管的人都希望他的部屬能獨當一面，但有些主管為了達到這個目標所採取的行為，卻是凡事都要下指導棋，若部屬未遵行就嚴厲指責，久而久之，部屬反而養成了凡事都要請示上級的習慣。這就是行為與目標背道而馳的例子。

此時教練策略就是**「探索行為效果」**，引導部屬檢討他採取的策略及行動，思考這麼做會產生什麼樣的結果，以及是否和目標一致。

情緒盲點

部屬常「受困於情緒，而無法理性思考」，主管也很難和他進行理性的對話。此時應當採取的教練策略是**「同理回應情緒」**，透過接納部屬的感受，緩和部屬的情緒，等到部屬恢復理性之後，再進一步展開對話。

觀點盲點

部屬在觀點上的盲點通常是「沒有經過驗證，就驟下結論」，接著根據這個不合理的結論或假設來行事，結果當然就不容易達成自己的目標。在前面的例子中，阿誠看到公司晉升阿昆擔任南部分處經理，於是就下了這樣的結論：「公司否定了我的表現，繼續待下去也不會有前途」。然而，公司的考量其實是：阿昆在南部土生土長，較熟悉當地風俗民情，所以更適合這個職位，而不是否定阿誠的表現，阿誠的觀點顯然未經驗證。

此時的教練策略是**「理性論證觀點」**，引導部屬反覆驗證他的觀點是否正確？繼續持有這些觀點會造成什麼影響？有沒有其他不同的觀點可以取代？藉此鬆動原來堅持的觀點，產生理性的觀點。

期待盲點

部屬對某些人、事、物有著「不切實際的期待」。例如，阿誠期待能以自己在年資及績效上的優勢，升任南部分處經理，而這明顯和公司的考量出現了落差。

此時應該採取的教練策略是**「改變不切實際的期待」**，協助部屬檢驗他的期待是否務實、實現的機率如何？對自己、他人及組織會造成什麼影響？以此引導部屬覺察期待和實際狀況的落差，修正不切實際的期待。

渴望盲點

渴望上的盲點來自於「渴望未被覺察」，也就是未能認知自己的渴望，或因一時的挫折而放棄追求自己的渴望，導致改變的動機不足，影響了行動力。例如，阿誠因為沒有得到晉升，從此就放棄了追求被尊重的渴望，那麼他的工作意願就會受到嚴重的影響。

此時的教練策略為**「覺察渴望，增強動機」**，協助部屬覺察行為背後想滿足的渴望。檢視愛人、被愛、被尊重、被接納、有自由、有意義等渴望是否平衡地滿足？是否有未被自己覺察的渴望？當渴望被滿足時是什麼樣的景象？藉由引導部屬看到自己的渴望，增強追求渴望的動機。

以上各盲點及教練策略，在第四章至第八章將有更詳盡的說明。

辨識並排除干擾的引導次序

前面我們雖然依序介紹行為、情緒、觀點、期待及渴望的盲點及排除的策略，但是不一定要按照這樣的順序進行教練晤談，因為我們事先並不知道部屬的盲點究竟潛藏在哪一要素之中，也許各要素都有調整的必要，同時前面也提到，冰山的任何一個要素改變後，其他四個要素也會跟著改變。所以教練要促成一個人的改變，其實可以從冰山的任何一個要素著手。那麼，問題就來了，教練到底要從哪一個盲點先著手呢？

以下提供三個通則讓大家參考：

一、**讓當事人先冷靜下來**。如果當事人有強烈的情緒，就要先用情緒策略，也就是排除情緒盲點的干擾。原因是當人有強烈情緒時，其實是無法理性思考的。所以要先讓他冷靜下來，才能夠進入以理性解決問題的狀態。有時，在晤談開始，尚未確認目標之前，如果發現當事人有情緒干擾，就可以先排除，讓晤談有理性的開始。

二、**確定當事人有改變的動機**。如果發現當事人的改變動機不足，可以考慮先採用渴望的策略。藉由協助當事人覺察到自己渴望被尊重、或被接納等等，進而激發改變的動機。任何改變都不容易，所以教練需要先引發當事人的動機，然後再來談改變的方法，才不會事倍功半。

三、**行為策略先於觀點策略**。先嘗試排除行為盲點的干擾，如不成功再嘗試觀點策略。原因是行為策略相對比較單純且容易使用。

但請注意，這些通則不是死的，還是要視情況靈活運用。有時從部屬的敘述中，主管很快就能辨認出盲點所在，直接著手排除，有時候也可能需要各個面向都反覆探究，才能達到效果，隨著經驗的累積，辨識及引導能力都會增強。

薩提爾教練模式案例

以下是曲教練對小李進行薩提爾模式教練晤談的過程概要。

當曲教練和小李初次見面，小李顯得非常沮喪（情緒）。曲教練感覺小李有很多情緒，所以就先讓他訴說，並專注地聆聽，且適時地用同理心回應他，讓小李感覺被理解。

當曲教練認為小李的情緒已經比較舒緩後，才開始確認他的目標。他問小李：「你希望從我們的晤談中得到什麼收穫？」小李回答：「我希望找到達成業績目標的方法。」由於這個目標很明確，曲教練可以直接確認這個目標。

接著，曲教練詢問小李，為了達成業績目標，他遇到哪些問題？他採取了哪些做法等等，展開辨識及排除盲點的過程。

經過一連串的提問，從小李的答話中，他的冰山輪廓逐漸浮現出來。小李說自己總是盡力配合經銷商的要求（**行為**）。因為他深知經銷商是公司業績的命脈，所以他不希望和他的前任業務小林一樣，把公司和經銷商的關係弄僵（**觀點**）。他認為這樣做，經銷商就會在業績上給予自己回報（**期待**）。然而經銷商雖然和他成為好朋友，但卻沒有成為事業上的好夥伴。他覺得自己只得到了經銷商的接納，但沒有得到尊重（**渴望**）。

經過曲教練的引導，小李發現「全力配合經銷商的要求」，不一定可以達到帶動業績的目標，他期待「全力配合經銷商的要求，可以得到經銷商的回饋」對某些經銷商可行，對其他經銷商就沒效果。他也發現，他花了很多時間服務經銷商，但並沒有花時間要求經銷商配合公司，尤其是業績的要求。他更進一步發現，他渴望經銷商接納他，以致於擔心破壞彼此的和諧關係，而未能積極對經銷商提出要求。

小李領悟到一個新觀點，公司和經銷商的關係應該是雙向的，他在回應經銷商的需求之外，也要督促業績，兩者之間應取得平衡。在他的服務及督促齊頭並進下，當經銷商的業績成長，也就會更肯定、接納小李，他的渴望便能獲得滿足。

在曲教練的引導下，小李的冰山內容有了明顯的改變，於是曲教練進一步詢問他如何落實。小李決定準備歷年的業績報表，逐一和各地經銷商討論業績，並擬訂追蹤計劃，另一方面，也對經銷商的要求和公司的立場進行詳細的了解和分析，不久之後，小李的業績開始回升了。

綜合以上所述，曲教練所用的方法是：讓小李理解，他雖然想在業績上有好的表現，但他習慣的行為、觀點、期待及渴望模式存在若干盲點，使他無法如願。曲教練引導小李覺察自己的盲點，進而採取和以往不同的行動，業績因此得到改善。

如果未經以上冰山因素的轉化過程，小李的思維模式會一直陷溺在害怕把公司和經銷商的關係弄僵、擔心經銷商不接納他的循環裡。因此就算偶爾開口督促經銷商的業績，也是虎頭蛇尾，難見成效。事實上，張經理過去也常告誡小李對經銷商的督促要積極一些，但卻沒有效果，其原因就在這裡。看到小李如此大的轉變，張經理又驚訝又好奇，於是他決定開始學習教練式領導。

接著在第二部中，我將帶領大家和張經理，逐一深入學習薩提爾教練模式的各項策略。

40
30
20
10
0
-10
-20
-30
-40
-50
-60
-70

第二部

薩提爾教練模式的應用

張經理很認真的學習薩提爾教練模式，並且把它落實在工作上。

剛好前些日子公司來了一位新員工劉偉，他的專業能力在業界很受肯定。公司給了他跨部門的一個小組，希望借用他的專業，帶領小組推動一個重要的專案。

劉偉的專業知識及能力真的很不錯，在公司會議上，同事提出的一些技術問題，他都能馬上提供解決方式。劉偉也很認真，常常加班忙碌，想來應該很快就有成績出來。

但是，幾個月過去，專案並未依照劉偉自己提出的時程表進行。張經理很關心這件事，心想這是演練薩提爾教練模式的好機會。於是在接下來的各章，我們就來看看張經理如何運用薩提爾教練模式，大家也跟著一起學習。

如第二章所述，我們將循著下列步驟進行學習教練晤談：**確認目標→辨識並排除冰山盲點的干擾，開創新的可能→在行動中落實改變**。

而在開始學習這種晤談方式之前，我們先看以下的場景，以便了解劉偉碰到的困擾，並且虛擬張經理尚未學習教練模式時，遇到劉偉的問題，可能發生的狀況：

學前虛擬場景

（以下簡稱張經理為張，劉偉為偉。）

張（皺著眉頭）：「劉偉，你不是說要在六月底前把專案的第一階段完成嗎？現在什麼時候了？業務部和技術部都在等你，他們說為了等你，很多事情都沒辦法進行。你要知道，如果你的計劃拖延了，公司的營運績效也會受影響。」

偉（不太高興）：「他們怎麼可以這麼說？他們還是可以進行其他事，為什麼要等我？一旦我這邊第一階段工作完成，他們再做我這邊的事就好了，幹麼要等我？他們是不是拿我當藉口！」

張（駁斥）：「你話也不能這麼說！是你自己說六月底會完成，他們當然就先不進行其他事。」

偉（爭辯）：「當初我只是說順利的話可以在六月底完成第一階段。他們應該知道，現在都只是測試階段，要他們配合的事也不多。最重要的是整個專案能夠如期完成，這點我還是有把握的。」

張：「不管怎樣，六月底也是你自己提出來的。不然，你們小組到底什麼時候會有初步的結論，也要讓大家心中有個底。」

偉：「其實我也一直在加班趕進度。這幾個月來，我幾乎天天都工作到十二點。」

張：「我也覺得奇怪啊，看到你天天加班，你們小組到底碰到什麼困難？應該要早一點說出來，早一點解決。是不是碰到什麼技術問題？」

偉：「技術方面其實沒多大問題，很多技術問題我都覺得不難解決，問題是團隊裡成員配合度太差了！」

張：「怎麼說？」

偉：「有些人對我交代的工作好像都沒聽進去，有的是意見很多，不只對我交代的有意見，彼此之間也是誰都不服誰。還有，當他們的任務無法完成時，總是有很多藉口怪罪其他人，最後我只好出來收拾殘局，自己解決。說真的，技術問題對我來說，多動動腦筋就解決了，他們卻常常卡在那裡，等著我解決。我自己做並不困難，但我一個人分身乏術，天天加班，等於都在替他們解決問題，所以進度就這樣拖延了。我真的沒辦法。」

張：「你是小組負責人，這樣做怎麼行？你不能什麼都自己來，你要盯著他們做。」

偉：「有啊，我一個一個追，追到有人都不高興了，結果就是不配合。」

張：「怎麼會這樣？唉！這也難怪，你是技術人員，不懂得管理，不懂得帶人。你應該要弄個詳細的工作分配表，把每個人叫來，清楚地告訴他該做什麼事，什麼時候完成，你去看看業務部那邊的工作分配表，那是我當年在業務部時設計出來的。而且，小組要定期開會、定期追蹤，有意見就在會議上公開討論。還有，溝通很重要，知道了嗎？」

偉：「我知道了。」

張：「還有什麼問題？」

偉：「關於我們的採購計劃，財務部總是要我們浪費時間提供一些奇奇怪怪的說明。還有，我請資訊部提供一些資料，總是不齊全。還有……」

張：「有這麼多問題，怎麼都不早一點提出來？我請祕書叫財務部和資訊部一起來，我叫他們一一配合！」

以上的對話描述了劉偉所面臨的問題，以及未學習薩提爾教練模式前，張經理可能的應對，讀者可以看出什麼問題嗎？接著，張經理面對劉偉的狀況，要如何運用薩提爾教練模式來輔導他呢？

3 訂定談話目標

張經理找劉偉來面談。首先，張經理該如何開始呢？在運用薩提爾教練模式時，每一次的晤談，都應該要先設定本次談話的目標，幫助我們把問題聚焦，切實有效地解決問題。

通常，工作上的問題不會只有一樁，我們發現有些主管和部屬晤談時，有的是天馬行空，想到哪就說到哪，一下提這個問題，當這個問題還未釐清，又岔到別的問題；有的則是一股腦把所有問題都提出來，試圖一舉解決所有問題，最終什麼都沒能解決。如果我們先設定好一個優先目標，當一個問題解決了，再進行下一個，成效自然不同。

另一方面，目標的訂定是否得當也會影響到談話的成效，因此，不僅要設定談

話目標，同時要訂出適當的目標。一個好的目標攸關整個晤談的品質和效益。所以，在晤談開始前，主管得先請部屬提出談話目標，並且加以討論修正，確定出一個合適的目標。

目標影響結果

一位從事客服的年輕朋友艾珍，跟我抱怨接二連三地碰到奧客，對方總是刻意刁難，搞得她很火大，造成服務態度不佳，結果被投訴，老闆還說要扣她獎金。她希望我能幫助她。我問她，希望我幫助她得到什麼樣的結果呢？她說她想知道，以後碰到奧客的時候，要怎樣才能不生氣？

我問她，你有採取哪些方法，讓自己不生氣嗎？她說，有啊，當顧客刁難時，就暗自深呼吸，逼自己硬擠出微笑，耐著性子回答，但不知怎的，客戶的一些回應總讓她不由得生氣，口氣也就變壞了。我說，所以當你在面對客人時，一直在想「生氣」這件事，你覺得「生氣」是你想要的還是不想要的結果？她很快地回答，當然是不想要的。於是我問，那你想要的是什麼？艾珍很困惑地望著我。

我舉個例子。當我初學高爾夫球時，曾經讀到一個職業高手接受訪問的報導，記者問：「當你快要打到球的那一剎那，你腦中在想些什麼？」高手的回答是：「我腦中只出現一個畫面：我的球以完美的角度飛出去，然後落在我希望它著地的位置。」於是我也開始回想，我打球時腦中通常在想些什麼，很有趣的是，我發現我經常在想的是：「千萬不要將球打到池塘裡」，然後腦中自然就會出現球落水的畫面，而當我這麼想時，也往往真的將球打到池塘裡。

做事也和打球相同，愈是擔心做不好，腦中就盡是這樣的畫面，結果十之八九會出狀況，因為它會造成壓力，干擾了潛能的發揮。如果腦中想的是順利的畫面，結果就會不一樣。

我告訴她，「怎樣才能不生氣」是一個負面的目標，它把你限制住，且侷限在「生氣」這件事上，只有用正面、積極的目標取代它，你才能跳脫它，也同時釋放你的潛能。接著我鼓勵她換個心態想想，她「想要」的是什麼？她希望在服務客人時看到什麼樣的畫面？艾珍一掃原來的怨怒，眼中流露出期待地回答：「我希望看到每一個客戶都對我的服務非常滿意，對著我親切地微笑。」

於是我又請她想想，有哪些方法可以幫助她讓所有的客戶滿意呢？她想了想回答，有些產品方面的專業知識她可以再加強，她也需要公司多提供或檢討修正客服的應答訓練，還有她也需要加強溝通技巧，學習了解客戶的心理等等。

是不是設定的目標品質不同，就會產生不同的動機，效果也完全不一樣？因此，在目標的設定上，我們提供以下三個原則：

一、**訂定結果導向的目標**。每次的晤談，教練都要先詢問對方，希望這次晤談得到什麼樣的結果或收穫，而用期待的結果引導整個晤談過程，以避免散漫的談話。

二、**將負向目標改為正向目標**。這點我認為非常重要，也常一再強調。就如艾珍的例子，在職場上，許多人經常把目標隱藏在「不」或者是負面思維及負面情緒之下。例如，「請會計不要再找我麻煩！」如果以這種「負向目標」進行討論，整個晤談很容易成為批判性的談話，而無建設性，甚至可能引發對立，無法有效解決問題。如果目標調整為「如何取得會計配合，一起推動業務」，討論的結果將大為不同。因此，如果部屬提出的目標是負向的，主管得引導部屬將負向目標轉為正向目標。引導時，主管可以帶領同仁思考，如果他的問題得到解決，他希望呈現出什麼樣的正面狀況、結果及理想的畫面。這就是利用願景啟迪正向目標，從而得到積極、有建設性的解決方案。

三、**將大目標分解成小目標**。工作上的問題環環相扣，晤談時很難一次解決所有問題，但如果我們把問題分解，務實地逐一進行討論，就能一步步地走向解決之道。因此晤談時，主管必須引導部屬思考他所提出的目標，可以分解成哪些小目標？小目標之間的優先次序為何？之後再擇一進行討論。例如，前面艾珍提出了「希望服務能讓所有的客戶滿意」的大目標，接著又提到加強產品知識、請公司加強客服訓練、加強溝通技巧等等，都是她想達成的小目標，可以請艾珍斟酌哪個較為迫切，必須先討論。

運用這三項原則的時候，教練可以參考以下步驟與提問方式。

訂定目標的教練步驟及提問方式

1. 訂定結果導向的目標
   - 你希望我們的討論能產生什麼結果？
   - 你希望從今天的晤談中得到什麼收穫？
2. 將負向目標改為正向目標
   - 你說的是你不要的，你要的是什麼？
   - 你的目標達成時會是什麼樣的景象？
   - 你的職責是什麼？你要的是什麼樣的結果？
3. 將大目標分解成小目標
   - 達成目標的障礙有哪些？
   - 你想先從哪個障礙談起？

教練對話示例

接著，我們看看張經理如何和劉偉討論晤談的目標。以下簡稱張經理為張，劉偉為偉。

張：「劉偉，你原訂六月底前把專案計劃的第一階段完成，現在六月已經過了，是不是遇到問題？我想請你大致說明一下你目前的工作狀況，看看有什麼問題，早一點解決。」

（劉偉報告了小組的狀況及工作進度。）

張：「聽起來，在技術方面沒有什麼問題，那你認為計劃延宕的主要原因在哪裡？」

偉：「我覺得是團隊配合度的問題。」

張：「怎麼說？」

偉：「技術方面的確沒多大問題，很多技術問題我都覺得不難解決，問題是團隊成員的配合度太差了！」

張：「怎麼說？」

偉：「有些人對我交代的工作好像都沒聽進去，有的是意見很多，不只對我交代的有意見，彼此之間也是誰都不服誰。還有，當他們的任務無法完成時，總是有很多藉口怪罪其他人，最後我只好出來收拾殘局，自己解決。說真的，技術問題對我來說，多動動腦筋就解決了，他們卻常常卡在那裡，等著我解決。我自己做並不困難，但我一個人分身乏術，天天加班，等於都在替他們解決問題，所以計劃就這樣拖延了。我真的沒辦法。」

張：「我相信在技術方面，你可以給大家很多指導，聽起來是團隊管理的問題，是不是這樣呢？」

偉：「嗯，對我而言，部分問題是管理這麼多人讓我很困擾，再加上時間那麼緊，這並不容易。」

張：「讓團隊配合確實不容易。那麼，你希望我們今天的談話能帶給你什麼

幫助、得到什麼成果呢？」**（先不介入問題中，而是請劉偉訂定結果導向的談話目標）**

偉：「就是剛剛說的，我希望大家不要再意見紛紛、彼此指責和推託。」

張：「哦，你說的是你不想看見的狀況，也許這就是現在的狀況。那你希望看到的狀況是什麼？如果專案能夠順利進行，會是什麼樣的畫面？」

偉：「嗯，我想像的畫面是，首先，小組每個人對他們的目標與職責範圍都很清楚，大家各司其職，不會互相推託。其次，每個人都能夠說到做到，一旦訂好完成日期，不管如何也要完成。最後，如果真有無法解決的問題會及早提出，不會等到最後沒辦法了，才將燙手山芋丟給我。」

張：「還有嗎？」

偉：「我也希望大家能夠互相信任、開心一點，不要像現在這樣每天繃著臉做事，或互相指責。」

張：「很好，我聽到的是你不但希望專案能夠按計劃完成，也希望在很好的團隊合作下完成。這就是你想要看到的畫面？」**（引導劉偉把負向目標改為**

正向目標）

偉：「對！」

張：「那麼，你認為達成這種狀態的障礙是什麼？」

偉：「我想，有兩個障礙吧。首先是共識，我就是不知道怎樣才能讓大家對專案的整體計劃有共識。專案已經進行到三分之一，大家還在爭辯計劃是否要修改。第二個障礙是團隊成員的責任感，每當進度落後時，大家都有一套說詞，也好像事不關己，最後都要我解決，所以我才會疲於奔命。」

張：「好，這兩個障礙你想先談哪一個？」

偉：「我想先談責任感吧，這是目前最需要的，我希望團隊成員都有強烈的責任感，才能將進度趕上。」

張：「好，那我們就先談責任感。」**（引導劉偉把大目標化為小目標，再決定優先次序）**

張經理從劉偉的陳述及抱怨中，逐步引導出晤談的目標。其中，把負向目標轉為正向目標，讓劉偉跳脫抱怨，扭轉了晤談的品質。劉偉所設定的目標是準時完成專案，這是大目標。而他認為達成大目標的兩個障礙是：團隊成員的責任感不夠，以及團隊沒有共識。所以小目標應該是：提升團隊成員的責任感，以及團隊共識。劉偉想先從提升責任感這個小目標談起。於是，整個晤談的目標就很清楚了。在明確的目標下，晤談的效益將大不相同。

教練方法提示：發問、傾聽、分辨、回應

以上的對話方式明顯地和前面所描述的「學前虛擬場景」有極大的不同。

「學前虛擬場景」是常見的職場對話方式：主管很關心專案的進度，心急之下，語氣及肢體語言都不自覺地流露出批判責備的意味。而劉偉原本就對進度落後倍感壓力，所以對任何的責難都非常敏感，在急著想自我防衛及辯駁下，情緒也不平穩。

另一方面，一般主管在了解狀況後，常會不自覺地涉入事件的細節中，開始為劉偉的問題找解決方法，而提出各種建議，例如急切地建議要訂定工作分配及進度表，或直接找財務部的人來等等。

然而，改為使用教練式領導時，張經理並未發表自己的看法及建議，而是以不論斷、不介入的中立態度，透過「發問、傾聽、分辨、回應」的方式，將對話聚焦在目標的設定上，讓接下來的晤談有好的開始，不會陷入情緒性的指責、辯

護攻防戰，也不會越俎代庖地陷入問題細節中。

換句話說，張經理在進行教練式領導時，要處於「自我覺察」的狀態，在「發問、傾聽、分辨、回應」的過程中，隨時檢視自己的狀態是否維持客觀和冷靜？是否掉入問題中？是否離題、失焦了？如此才能確保教練式晤談的品質和成效。

4 探索行為效果

張經理已經和劉偉討論出教練晤談的目標，首先就是想要加強團隊的責任感。那麼接下來，張經理就要引導劉偉，檢視他和團隊的互動情形，看看他有哪些行為模式，可能對團隊的責任感有不好的影響。也就是說，張經理要協助劉偉，找出他在行為上有哪些盲點，干擾了團隊責任感的凝聚。

我曾經輔導過一位高科技公司的高階主管，他希望我協助他，讓他對部屬可以有更大的影響力。我請他舉個影響力不夠的例子，他說：「雖然我經常對所有部屬說明我的方向與策略，可是每年的員工意見調查卻顯示，他們仍然不清楚組織的方向與策略。」

我問他：「你通常用什麼方式對部屬說明你的方向與策略？」

「我固定每兩個月召開一次全體員工大會，會中我用至少一小時的時間向大家說明我的策略，以及執行進展。」

「上一次員工大會何時舉辦的？」

「就在上個星期五。」

「有多少人參加？」

「有九成的人參加，將近一百人。」

「你希望他們得到什麼訊息？」

「我希望大家都知道公司的營業額、毛利率、淨利率、市場占有率，以及這些數字和去年同期的比較，還有和競爭者的比較；我也希望他們知道各部門績效指標的達成情形，以及我們做得好的地方與需要改善的地方。最重要的是，我希望他們知道這些結果和我的策略之間的關聯。」

「你一定費盡了心思準備這類簡報？」

「可不是嗎？你看看我的簡報檔，所有的數字都整理得清清楚楚的！」

「哇，每張投影片都密密麻麻的，真是鉅細靡遺！你在簡報時有人提問嗎？」

「這就是我最傷腦筋的地方，他們當場都不提問，但在年終的員工意見調查時卻又說我沒說清楚！」

我看了看簡報資料，非常地詳盡，這位主管顯然很認真地準備這些報告，他自己也對報告中的各種資訊和數字如數家珍。然而，這麼多的資訊真的能夠幫助部屬了解公司的策略和方向嗎？其實不然，資料太多、太詳盡，結果會造成部屬無法消化，甚至感到疲憊、麻木，反倒對主管提出的策略無法留下印象。

行為與目標背道而馳

這就是所謂的行為盲點，在工作上我們雖然訂了目標，也認真採取行動，但行動的內容和效果可能和目標背道而馳，還不自知，於是就像從台北開車要到台中，上了高速公路卻往北開，怎樣也到不了目的地。因此在職場上，行為的盲點是工作績效的一大絆腳石，它造成大家忙忙碌碌，卻徒勞無功，還不知其所以然。真是所謂「盲、忙、茫」了！

舉例來說，主管都希望部屬能夠自動自發，這是目標；然而許多主管為達此目標所用的方法是「事必躬親」。當主管事必躬親，凡事都要問、凡事都要管，或者太頻繁地追蹤進度時，部屬就容易依賴主管，或是不敢自作主張，因此這種做法或行為與「希望部屬能夠自動自發」的目標是背道而馳的。同樣地，許多主管總是抱怨部屬不能獨當一面，但對部屬的意見及做法往往只顧挑毛病，來彰顯自己的經驗及能力超過部屬，而未能善解部屬的用意，如此一來，部屬受到壓制，怎麼可能獨當一面？

其實，在生活中也常見這種盲點，例如父母都希望能夠影響子女，希望子女能夠聽進自己的忠告、養成良好的習慣，或從自己的人生經驗中獲益，這是目標；然而許多父母所用的方法是「嘮叨」，這也是一種常見的行為盲點。

當父母一再重複要求子女做這個、做那個的時候，子女（特別是青少年時期的子女）的反應多是退避三舍，甚或是頂撞父母。父母經常忽略的是：我們能夠「影響」他人的前提是要能夠「接近」他人，然而，父母嘮叨的時候是無法接近子女的，因此這種做法或行為，與影響子女的目標是背道而馳的。

在訂定目標時，我們強調要「訂定結果導向的目標」，同樣地，我們也必須以是否能導向預訂的目標，來檢驗行動是否正確，才能真正收到實際的效果。探索行為效果的策略很簡單又有效，而且在職場上行為盲點也很常見，因此，在進行辨識及排除行為盲點干擾時，可以先嘗試探索行為效果。以下教練式對話步驟及提問方式，可以引導部屬反覆檢驗行為的效果，進而發現盲點所在，並且改變行為。

排除行為干擾的教練步驟及提問方式

1. 確立目標
   - 你的目標為何？達成目標的障礙為何？
2. 列舉採取過的行動
   - 為了排除此障礙，你採取了哪些行動？
3. 分析所採取過的行動之效果
   - 這些行動的效果如何？哪些有效？哪些無效？原因為何？

4. 引導產生領悟

- 經過以上的討論，你有什麼新發現？

5. 落實領悟於行動中

- 有此新發現，你將會如何改變你的行為？

教練對話示例

接下來我們來看看張經理如何遵循此步驟與劉偉展開教練對話。在上一章中，張經理已經協助劉偉將大目標化為小目標。劉偉的大目標是：在團隊合作下，及早完成專案計劃；而他的小目標（也就是完成大目標的障礙）則是加強責任感和共識。

步驟一：確立目標

張：「剛才談到達成目標的兩個障礙是責任感與共識，而你想先談責任感這個議題？」

偉：「沒錯。」

步驟二：列舉採取過的行動

張：「你說小組成員的責任感不夠，為了解決此問題，你曾經做了什麼？」

偉：「是呀，我最痛苦的是他們對這個專案沒有急迫感，碰到問題好像事不關己，只有我一個人在著急。」

張：「你舉個例子看看。」

偉：「就像那次小湯負責的工作出了問題，我問他怎麼辦，他說這問題沒碰過，要想一想，兩天後再回報。可是我就不認為這問題有那麼困難，果然，當天晚上我加班一個小時就找出解決的方法了。唉，我就是希望他們有這樣的精神。」

張：「喔，你的確很急！然後你做了什麼？」

偉：「我第二天就去跟小湯說我找到解決的方法了，他可以照著做了。」

在以上的對話中，張經理用開放式問話引導劉偉，探討他曾「採取哪些行動」來排除團隊成員沒有責任感這個障礙，而不是問他有沒有做哪些特定的方法。而劉偉用的方法是，在問題產生的當下自己跳下去解決問題。

步驟三：分析所採取過的行動之效果

張：「當時小湯怎麼反應？」

偉：「他就一臉不滿的說：『知道了，我會去做』。」

張：「你看到他一臉不滿，那是什麼原因？」

偉：「我也不知道，他常常那樣。我覺得就是沒有責任感！」

張：「還有什麼可能呢？」

偉：「或許他太忙吧？或許他對我的解決方法不以為然？」

張：「我好奇你為何那麼急，如果再等一天會如何？」

偉：「專案已經落後了，我能爭取一天就算一天。」

張：「好，你爭取到一天。現在讓我們回到責任感的議題，你這樣做與提升小湯的責任感有什麼關係？」

偉：「什麼意思呢？我沒這樣想過……我有告誡他以後做事要有責任感。」

張：「你認為小湯應該要怎樣做才叫有責任感？」

偉：「就是要自己負責解決問題。」

張：「那，你要如何提升小湯的責任感？」

偉：「嗯，要提升他的責任感，就是要讓他自己解決問題？」

張：「你說得很好。所以，你覺得你的做法有助於小湯提升責任感嗎？」

偉：「說得也是，以這件事來看，真正解決問題的人是我，而不是小湯，所以我這樣做對於提升他們的責任感並沒有幫助。」

在以上的對話中，張經理引導劉偉探討他的行為是否有效，以及有效及無效的原因。這裡要注意的是，所謂「是否有效」要以「是否有助於目標達成」來衡量，此時的目標不是「準時完成專案」這個大目標，而是「提升團隊成員的責任感」這個小目標。就責任感而言，劉偉領悟到他的行為與目標是背道而馳的。

步驟四：引導產生領悟

張：「你似乎有些新發現，你再多說一些。」

偉：「我的新發現是：我想要提升小組成員的責任感，可是我的做法卻讓他們不需要負起責任，因為我把他們的事情做完了。」

張：「還有嗎？」

偉：「嗯，我做愈多，他們就愈不需要自己解決問題。哦，或者有時他們想自己解決問題也沒有機會，這樣的話，就沒有學習的機會了。對了，現在想起來，小湯的臭臉好像在說：『好吧，你要這樣，我就照你意思做就是了！』」

張經理利用上面的對話，一方面讓劉偉整理他的領悟，另一方面也是加強他的印象。

步驟五：落實領悟於行動中

張：「這是非常好的結論！那麼接下來你會如何改變做法？」

偉：「我想，最主要的是要經常提醒自己不要太急著幫同仁解決問題，要給他們自己解決問題的空間。其次我要多聽他們的意見，這樣才有助於提升他們的責任感。其實這樣做，我反而會比較輕鬆。」

張經理引導劉偉把領悟轉為實際的作為。

張經理主要是引導劉偉描述他和團隊的互動方式，從中發現，當劉偉遇到小組成員有問題時，他的行為模式是：自行代為解決，這樣的模式和要求成員有責任感是背道而馳的。

當劉偉覺察到自己的行為盲點後，張經理不僅要求他重新整理他的覺察（步驟四），並且引導他提出新的做法（步驟五），這點非常重要，也是全段對話的最終目的。因為教練式領導的最終目標是促成行為的改變，而不僅止於協助他人產生新的領悟。

經過上面的教練對話，劉偉自己領悟到自己的行為盲點，也找出改變的方法。張經理並未提出任何建議，但成功地引導出劉偉的自我覺察及改變。

教練方法提示：改變心態，用開放式問句提問

從以上的教練對話中，可以看到提問的重要性，問對了問題才能有效地引導對方產生新的領悟，因此接下來要討論如何提問。提問的方式可分為封閉式與開放式兩種，所謂封閉式問句指的是可以用「是」或「不是」回答的問題，而凡是不能以「是」或「不是」回答的問題便是開放式問句（請看表3）。

從表3中我們可以看到這兩種提問方式的區別主要在於：以封閉式問句提問時，當事人只能被動地回答「是」或「否」，此時我們能得到的資訊很有限。反之，以開放式問句提問時，可以帶動當事人的思考，產生引導及啟迪的效果，同時我們也可以得到更豐富的資訊。

但更值得注意的是，這兩種提問方式背後的心態。當我們使用封閉式問句時，往往帶著以下這些論斷：對方不清楚進度落後的原因、對方找不到好的解決方案、對方應該用我的方法解決問題等等。如果一個領導人一直帶著這種心態帶

表3 **封閉式與開放式問句的比較**

封閉式問句	開放式問句
你知道專案的進度落後了嗎？	專案目前的進度為何？
你知道進度落後的原因嗎？	專案的進度為何落後？
你找到解決問題的方法了嗎？	打算如何解決進度落後的問題？
你有嘗試過某某方法嗎？	你還有什麼其他的想法？
這個方法你有把握嗎？	這個方法的成功機會如何呢？

領團隊，那麼他就沒有其他選擇，而只能一直給予部屬指導。久而久之，就會形成「領導人的能力有多大，他的團隊能力就有多大」的現象，換言之，這個團隊的瓶頸就在領導人身上。

當我們使用開放式問句時，往往帶著很不同的心態，如：對方是有能力的，而且我也相信他還有未發揮的潛能，因此我想知道他對進度落後有什麼判斷？他嘗試過何種方法解決問題？他接下來想如何做？他需要什麼樣的協助等等。

當領導人帶著這種心態帶領他的團隊時，就會自然而然地使用教練式領導，希望部屬能夠發揮潛能、自己找到答案。久而久之，團隊的能力才能超越領導人的能力，達到一加一等於三、等於五甚至等於十的效果。

總而言之，當我們帶著「心存定見」的心態時，就容易問出封閉式問句；當我們帶著「無知好奇」的心態時，就自然會問出開放式問句。因此，心態是封閉時，問句也是封閉的；心態是開放時，問句也會是開放的。

當一個人被提問時，若聽到的是有成見的封閉式問句，很容易會覺得被質疑或評價，而想辯駁，於是一問一答中，就成了攻防戰，而無法理性開放地對待問題。相對的，在開放式提問下，對方較能針對問題坦誠地思考及檢討。

開放式提問的技巧

多數主管開始學習教練式領導的困難是：經常問出封閉式問句，以致無法達到讓對方自己看到盲點、自己找到答案的效果。究其原因，往往是因為主管已經習慣馬上思考問題、解決問題。只要碰到「問題」，不管是自己還是他人的問題，就開始思考「如果是我，會如何解決這個問題」；一旦想到解決的方法，就希望他人採用。在這種心態下，當然就容易問出「你嘗試過某某方法嗎？」這樣的封閉式問句。

因此，初學者要隨時「自我覺察」，留意自己的問話，提醒自己：每當我使用封閉式問句，就很可能代表我已經準備開始給予他人「指導」了，如此就無法達到教練式領導的效果。

另一種提醒自己的方式是：將焦點從「答案是什麼？」轉到「尋找答案的過程是什麼？」。當我們一直把焦點放在「答案」上，心中就跳出自己的解答來，於是不自覺地會進行指導。如果焦點放在對方用什麼方法去找尋答案，就會問出「遇到這個問題，你採取了哪些行動？」而不是「你嘗試過某某方法嗎？」則成效自然不一樣。這也就是我們在前面所建議的提問方式「為了排除這些障礙，你採取了哪些行動？」然後再詢問行動的效果，引導當事人自行分析、自行找答案。

雖然，教練晤談要避免封閉式提問，但並不表示所有封閉式問句都是不好的。當我們想要確認一件事時，使用封閉式問句是恰當的，例如：「你剛才說的意思是你還無法下決定，是這樣嗎？」、「你認為問題出在團隊不合作，是嗎？」、「所以，你想先談責任感的問題，對嗎？」這類封閉式的問句，可以確定雙方的理解以及晤談的方向，也是需要經常使用的。

建議讀者可以重新閱讀前面張經理的問話，看看他的問話中，哪些是開放式問句，哪些是封閉式問句？

5 同理回應情緒

一位白手起家，中小企業的方老闆因為某大公司的一位採購總是仗勢欺人，講話口氣充滿輕蔑，看不起他這不大不小的公司，所以有一次方老闆終於受不了而發火，回了一句：「抱歉！我們公司小，沒貨給你們！」就這樣白白損失了一筆生意。

方老闆常有類似的行為：情緒一來，就被情緒掌控，失去了理性。他會拒絕生意，完全是情緒的自動反應，只是給自己的情緒找出口，並不是他真正的意願，而是情緒阻礙了他的理性思考。如果，他的情緒能夠得到平撫，或是另外得到出口，他的決策當然會不一樣。

情緒的盲點在於，它會不分青紅皂白地引發一些自動反應。反應的當下，似乎情緒就能得到宣洩，然而，事後發現這些反應不僅無助於解決事情，反而更糟，於是又陷入負面情緒，成了惡性循環。方老闆就是如此，他不但生意沒做成，心情還變得更差。

方老闆手下的經理告訴我，老闆生意沒做成後，拿他們出氣，說他們平時努力不夠，他聽了很生氣、很委屈。其實他和那位採購有點交情，知道對方只是心直口快，只要他出面緩頰，這筆生意還是可以做成。但他氣不過，也就默不作聲，心想讓老闆自食其果算了。當然，這位經理也陷在情緒中。

不諱言，許多人都在職場上累積了一大堆情緒而無處宣洩，以致於影響了工作品質，甚至波及家庭、社會。

當部屬在工作中累積了情緒，且被情緒牽制，無法就事論事時，一個主管如果不能先協助部屬排除情緒的迷障，那麼任何的溝通、晤談都無法產生真正的效益。因此，教練式主管需要學習認識情緒、了解情緒，才能協助排除部屬的情緒干擾。

對情緒的正確認識

每個人都有情緒，但人們對情緒的認知常常是扭曲的。例如，男性從小就被教導要勇敢、要堅強、男兒有淚不輕彈，所以，身為男性若覺得膽怯或悲傷，只能自我壓抑。至於女性則理當溫柔，若據理力爭，則被視為不恰當。一般人也常認為負面情緒是不好的，當一個人出現氣憤、害怕、挫折、憂鬱等等情緒，往往不願意接受和面對，甚至還自責，因而帶來更多、更複雜的負面情緒。

在職場上尤其是如此，當一個人在工作時有了不滿、緊張、挫折等情緒，所得到的通常是主管或同仁的告誡、制止、否定及責備，自己也會因此否定及譴責自己。然而，情緒未得排解，工作上也難有理性的表現。事實上，在人類的演化中，情緒扮演了很大的功能。我們以下簡單地就喜、怒、哀、懼四種情緒，看看它們在演化上的功能：

喜　讓我們回到蠻荒時代，想像原始人看到了獵物，或看到水源，一定歡喜不已，於是會和大家分享，也會想複製這個快樂的經驗，進而去記憶及建立找尋食物、水源的方法，讓維生的方法得以傳承。因此，喜的情緒讓有利生存的事物得以分享及傳承。

怒 想像原始人受到了動物攻擊，憤怒的情緒可以產生防衛、反擊的行動，生命因此得以維繫。

哀 當有人受到動物攻擊受傷或致死，悲哀的情緒會引導找尋療傷的方法，或找尋援助、安慰。

懼 對危險及未知的害怕，可以引導原始人類遠離威脅，或採取警備及保全措施。

每種情緒都有它演化上的功能，我們雖已遠離蠻荒時代，但情緒仍然反應著我們本能上的需求，並幫助我們了解自己的內在狀況。當自己或他人有了情緒，就表示內在有某些需求有待滿足，如果追循著情緒去探索，將可以發現並解決問題，從而平撫情緒。

換句話說，有助於我們達成目標的情緒表達，並不是訴諸自動反應，直接用語言或行為反擊別人或傷害自己，或一再擴大情緒，而是向內探詢情緒所要傳達的訊息，以了解自己的需要，最後用理性而且具適應性的方式將自己的需要表達出來。

從情緒探索行為背後的心路歷程

就薩提爾的冰山理論來看，一個人的行為及情緒，往往和個人的觀點、期待及渴望密切相關，不同的觀點、期待及渴望會引發不同的情緒及行為。因此，情緒的訊息包含了一個人內在的觀點、期待及渴望。

以方老闆的例子來看，在他個人的冰山之下，潛藏了一些他自己的觀點、期待及渴望。他認為大公司的採購仗勢欺人（觀點），他希望對方口氣要有禮貌（期待），要尊重小公司（渴望被尊重），所以他會勃然大怒（情緒）。這些潛藏的特定觀點、期待及渴望，引發了方老闆的情緒。不同的觀點、期待及渴望觸動不同的情緒。對經理而言，他認為採購一向心直口快（觀點），並不期待對方言語謙和或尊重，所以就不會生氣，應對的行為也不同。

因此，**藉由對情緒的探討，我們可以了解一個人的思維模式以及引發行為的心路歷程，並且藉著調整觀點、期待及渴望，使情緒及行為也跟著改變。**因此，情緒蘊藏著非常豐富的資訊，如果我們一味迴避它或否定它，就失去了了解自己或他人的契機。從下一章起會討論觀點、期待及渴望上的盲點，而本章要討論的是當部屬困在情緒中，主管要如何讓他恢復平靜，以避免情緒阻礙了理性對話。

排除情緒干擾的方法——同理回應

當一個人充滿情緒時，他最需要的是別人的理解和接納，而不是否定或責備。此時在旁人看來，這個人不當的情緒表達很難讓人認同，但從當事人的角度來看，這一切卻是理所當然，生氣或悲傷都是理由充分，或身不由己的。在這樣的狀況下，否定和責備只會讓對方產生更多的抗拒及情緒，既無助於溝通，更無法解決問題。

然而溝通時常見的盲點是，即使對方已經被情緒淹沒而無法理性思考，自己

圖 4　**排除情緒干擾的原則**

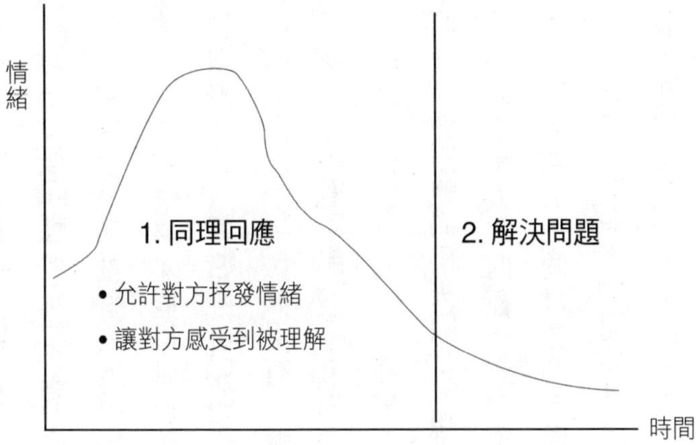

仍然慣性地忽略情緒的干擾，而急著想要與對方理性討論、解決問題。這種情況就如同兩個人中間明明有一道隔音牆，雙方還是很努力地表達自己的意見，希望對方能聽到，最後的結果當然是各說各話。其實，此時真正要做的不是展開溝通或解決問題，而是先將隔音牆移除，也就是先排除情緒的干擾。

圖4說明了排除情緒干擾的原則：當他人有強烈的情緒反應時，教練應該先幫助他將情緒「降溫」到可以理性討論的程度，然後才開始嘗試解決問題，而不是一開始就想解決問題。幫助他人情緒降溫的方法，就是同理回應。而所

謂同理回應，就是一方面允許對方抒發情緒，另一方面讓對方感受到被理解。

有效的「同理回應」，除了簡單地表示「我理解你、我了解你」之外，還要藉由觀察對方的情緒，嘗試替對方說出他的感覺、觀點及期待，讓對方知道你對他有完整的理解，其情緒才能得以緩解。再者，嘗試替對方說出他的觀點、期待及渴望，也讓對方有機會反思自己的想法，而有助於恢復理性。

例如方老闆的例子，如果有人適時在旁表達同理心：「你很生氣，因為你認為他的口氣不好，看不起公司……。」此時方老闆就會感受到被理解，情緒也會舒緩下來。反之，如果有人，也許是和他一起辛苦創業的老婆，在一旁嘮叨：「你要什麼脾氣？你跟錢過不去啊？」想當然是火上加油。

感性的需求是人類內在一大渴望，情緒的出現，往往是因為這個基本的渴望沒有被滿足。因此，一個善意的同理回應，是平撫情緒的最佳良藥。一旦情緒平復，才有理性溝通及思考的可能性。

然而，在現實生活上，由於對情緒的認知扭曲，多數人對同理回應很陌生，反應大多和方老闆的老婆一樣火上加油，或者是說一大堆道理嘗試說服對方，意圖用理性的方法解決感性的問題，終究徒勞無功。因此，同理回應需要經常練習，你可以使用下面的語法：

同理回應的語法

- **你感覺＿＿＿。**
- **（因為）你認為＿＿＿。**
- **你希望＿＿＿。**

首先，用「你感覺＿＿＿」的句型嘗試描述對方的情緒。情緒種類很多，包括憤怒、不高興、生悶氣、煩躁、慌亂、害怕、擔憂、煩惱、焦慮、緊張、壓力、挫折、憂鬱、難過、後悔、懊惱、自責、無能為力等等。如果能對各種情緒有較多的觀察及認識，更貼切地解讀對方的情緒，舒緩情緒的效果就更快、更好。

接著「（因為）你認為＿＿＿」、「你希望＿＿＿」的句型，則是嘗試描述隱藏在對方情緒背後的緣由，包括他的觀點、期待及渴望，才能進一步理解對方。

一個人之所以有情緒，是由於內在有一些需求或想法未能滿足，或未能表達出來，當有人嘗試理解他，嘗試為他表達出來，他的心聲得到傾聽，情緒就會漸漸平復。

因此當晤談時，如果觀察到部屬有情緒性的反應，主管就要讓對方宣洩出來，反覆利用同理回應，直到對方情緒平復，才進入理性溝通。否則，再多的理性溝通都無法讓對方心平氣和地接受。

另一方面，「你感覺＿＿」、「（因為）你認為＿＿」、「你希望＿＿」是探索對方內在冰山的一個重要工具，教練式主管必須隨時從員工的談話中，理解他的觀點、期待及渴望，才有可能運用本書後面章節的方法，幫助部屬發現盲點，改變模式。

優先排除情緒干擾

除了在晤談時要隨時注意當事人的情緒狀況，適時運用同理回應之外，為了讓晤談有好的開始，我們在第二章提到，排除干擾的次序第一通則是：當事人有強烈的情緒，就要先用同理回應，讓他冷靜下來，再展開理性溝通。必要時，在確認目標之前，就得先排除情緒干擾，才能確保晤談順利進行。

情緒的確認

除了平撫部屬情緒，讓溝通順利進行外，主管還要隨時善用情緒的資訊，確定部屬對談話內容的接受度。也就是說，當談話進行到結論時，主管要詢問部屬的情緒狀態，確定部屬可以完全接受談話結論，否則，如果部屬抗拒談話結論，這些結論的效益將無法顯現出來。也就是說，**口頭上表示接受談話結論，並不表示內心也接受，情緒感受才是真實的內在意願**。主管可以藉由隨時觀察及探詢情緒，靈活運用情緒所傳達的資訊。

舉例而言，方老闆在我的初步引導下，看到自己衝動的行為對生意造成很大的傷害，導致行為和目標背道而馳，也信誓旦旦地想改變自己。然而，當我詢問他，「得到這個結論，你心情覺得如何？」他歎了一口氣：「唉，說真的，很不甘心！」顯然，他的內在仍然抗拒，所以改變將很難真正落實。

於是，我追問方老闆，「不甘心的原因是什麼？」方老闆開始把內在的許多心結一傾而出。我因此繼續就觀點、期待、渴望等各角度，探索方老闆的內在冰山，協助方老闆找到他真正的障礙，得到內外一致的改變。

因此，隨時確認情緒狀況，善用情緒資訊，可以幫助教練式領導發揮實效。

教練對話示例

在本書第二部一開始的學前虛擬場景中，讀者可能已經注意到劉偉由於專案進度落後受到主管關切，因此情緒不佳，講話口氣不好。而張經理受到他的影響，也有了情緒，兩人出現爭辯。為了示範同理回應，我們再把劉偉的情緒強度加大，看看張經理如何運用同理回應，協助劉偉恢復理性。

張：「劉偉，你原訂六月底前把專案計劃的第一階段完成，現在六月已經過了，是不是遇到問題？我想請你大致說明一下你目前的工作狀況，看看有什麼問題，可以早一點解決。」

偉：「我的專案落後？是業務部和技術部說的嗎？他們憑什麼這麼說？當初我只是說順利的話可以在六月底完成第一階段，他們對這個專案難道沒有一點概念嗎？誰不知道最重要的是完成整個專案？現在不過剛開始！計劃中我都有預留時間，到時候一定會如期完成，怎麼現在就隨便說我落後？」

張：「看起來你感覺很生氣，因為你認為你並沒有拖延，是業務部和技術部誤會你，你希望我不要輕信他們的話。」**（同理回應）**

偉：「誤會？根本是故意拿我作藉口！說什麼大家都在等我，說我害大家的工作都落後。太可笑了吧！他們還是可以進行其他事，為什麼要等我？」

張：「所以，你覺得委屈，因為你認為現階段的工作即使沒有順利在六月底完成，也並不影響別的部門，你希望他們做好自己的事情就好了。」**（同理回應）**

偉：「本來就是這樣！他們也知道，現在都只是測試階段，要他們配合的事也不多。一旦我這邊第一階段工作完成，他們再處理我這邊的事就好了，幹麼要等我？根本是藉口！莫名其妙！他們一定是自己的工作落後了，才說是在等我，根本拿我當擋箭牌！」

張：「嗯，你覺得很不舒服，因為你認為他們在找藉口，你希望他們繼續做他們自己的事就好了，不要管你的專案進行到什麼程度。」**（一再進行同理**

回應）

偉：「我是很不開心，我一定會把專案完成的！他們不了解我的進度，不能亂說。」

張：「很好，你還是覺得很有把握。那麼你認為現階段的工作進行得如何？」

（繼續同理回應，並伺機嘗試理性對話）

偉（聲音從氣憤轉為低沉）：「其實，我也一直在加班趕進度。這幾個月來，我幾乎天天工作到十二點……。一個這麼大的專案，是全公司的專案，又不是我一個人的，可是，財務部很多事都不配合，專案小組成員也常推責任，所有的責任都變成由我一個人承擔！」**（劉偉的情緒出現轉折）**

張：「聽起來，你感覺很沮喪，因為你認為只有你一個人獨自承擔所有責任，你希望大家能一起投入。」**（同理回應）**

偉：「難道不是嗎？難道我希望專案落後嗎？我是說，本來順利的話，是可以在六月底前就把第一階段完成的，結果卻是我一個人拚命加班，趕進度……」

張：「你感覺很無奈，因為你認為你已經盡力了，你希望儘快趕上進度。」（以上的同理回應刻意地遵循「你感覺＿＿」、「你認為＿＿」、「你希望＿＿」的規則，目的在示範如何使用這個語法。在實際應用時，讀者可以自行加入一些變化，以免聽起來過於刻板，例如這句話也可以簡化為：「你認為你已經盡力了！」）

偉：「嗯，這個專案本來就是一個團隊的工作，而我只是帶頭的人。」

張：「沒有錯。這個專案是一個團隊的工作，你是小組負責人，要負責帶領你的團隊把專案做好，壓力比較大。不過，這也是整個公司的專案，我也有責任來協助你，我們一起看看怎樣改善好嗎？」（除了同理回應之外，也表達願意提供協助）

偉：「嗯，謝謝。說真的，這個案子在技術方面其實沒多大問題，很多技術問題我都覺得不難解決，只是，我一個人不可能在短時間內搞定那麼多東西。」（在張經理耐心同理回應下，劉偉終於平靜下來。）

張：「我相信在技術方面並沒什麼問題，那你認為專案延宕的主要原因在哪

裡呢？」**（開始進入理性溝通）**

偉：「我認為是小組團隊配合問題。」

張：「怎麼說？」

偉：「技術問題真的不難解決，問題是團隊裡成員配合度很不好。」

張：「讓團隊配合確實不容易。那麼，你希望我們今天的談話能帶給你什麼幫助？得到什麼成果呢？」**（開始和劉偉訂定目標）**

（接著是「訂定談話目標」及「排除行為干擾」的教練對話，此處省略。詳情請參見第三章及第四章，以下直接進入談話結論的情緒確認。）

張：「這是非常好的結論！那麼接下來你會如何改變做法？」

偉：「我想，最主要的是要經常提醒自己不要太急著幫同仁解決問題，要給他們自己解決問題的空間。其次我要多聽他們的意見，這樣才有助於形成共識。其實這樣做我反而會比較輕鬆。」

張：「很好，有了這些結論，你心情覺得怎麼樣？」**（詢問情緒，確認劉偉確實接受晤談的結論。）**

偉（露出笑容）：「心情輕鬆多了，剛才真是不好意思。」

在上面的對話中，劉偉一開始還不能接受自己工作不順利的事實，而是把氣出在別人身上，認為是別人誤會了他。劉偉的許多說法並不符合情理，但是張經理沒有駁斥這些說法，或者試圖和劉偉講道理，而是允許劉偉抒發他的情緒，且耐心地同理回應，協助劉偉把他的情緒、觀點及期待描述出來，以表達自己對劉偉情緒的接納。

在張經理的同理回應下，劉偉的情緒從生氣、不平，逐漸轉為沮喪，而開始表露他在專案計劃上面臨的壓力及挫折。張經理仍繼續同理回應，最後劉偉終於能夠平心靜氣地接受張經理的引導，開始用理性面對問題。至此，張經理才開始訂定談話目標。

從這個例子，我們看到劉偉真正的情緒是挫折及沮喪，但一開始卻以氣憤的方式表達出來，顯然他用生氣來迴避或掩飾真正的感覺。這是一般人在情緒表達上常見的現象，也就是說，**顯現在外的情緒，不一定是內在的真正感受**。例如有人難過落淚，真正的內在感受有可能是生氣。因此，只有在耐心的同理回應下，才有機會協助對方顯露真正的感受，發掘真正的問題。

最後，在進行理性的對話之後，張經理藉由詢問劉偉的情緒，來確認劉偉是否真的接受談話的結論。這是一個很重要的步驟，如果劉偉情緒仍然不好，表示談話結論並不能切中劉偉的內心需要，就必須再繼續深入探究。

教練方法提示：
避免急於解決問題而忽略情緒

本章對情緒的重視及同理回應，在職場上常被忽略，許多主管對這樣的溝通方式非常陌生。一般而言，職場上的溝通障礙來自主管一切都用自己的經驗為出發點，急著用自己的方式解決問題，因此，一旦部屬發生問題，主管腦中出現的就是：「為什麼不這麼做，如果是我，一定……」當主管從「我」以及「解決問題」為出發點，往往看不到問題真正的核心，更看不到部屬的情緒。於是，問題或許暫時解決，但部屬累積在心中的抗拒並未排除，故無法真正學習到問題的解決方式。

負面情緒就像一堵無形的牆，擋在面前，阻礙了將別人所說的道理及教導聽進心裡面的機會。另一方面，如果主管本身也出現情緒問題，例如受到部屬情緒性的話語激怒，自身也失去理性而陷入情緒中，便會在自己面前也築起另一道牆，兩道牆擋在兩人中間，溝通是無法進行的。如果在前面的場景中，劉偉出言不遜，張經理也隨之起舞，兩人都用情緒語言相互辯駁，那麼事情不但無法解決，還可能惡化。

因此主管在晤談的過程中，也必須隨時保持和平和中正，避免自己的情緒受到對方影響。這對教練式主管而言也是一項重要的學習。教練式主管平時可以經常觀照自身的情緒，以及學習表達自己的情緒，方法很簡單，就是把前面的同理回應句子中的「你」改成「我」，例如：「我」覺得很挫折，因為「我」認為部屬問題很多，「我」希望他們都能自我成長等等。經常透過這樣的自我觀照，對自己及他人的情緒將有更深刻的理解，一方面可以保持自己情緒的平和，另一方面也可以更切中部屬的心理，提高晤談的品質。

簡而言之，成功的教練式領導，必須要有耐心，不急著解決問題，要等到對方情緒平緩，恢復理性後，才是解決問題的最好時機。除了觀照情緒之外，「我感覺＿＿＿＿」、「(因為)我認為＿＿＿＿」、「我希望＿＿＿＿」的語法是自我覺察很好的工具，想成為教練式主管，必須要能先自我覺察，才會見功效。

6 理性論證觀點

一位從事科技業的年輕朋友艾力克告訴我，他要找新工作，他想辭職了。

我很好奇地問他：「你不是做得好好的嗎？你不是說主管對你很器重？」

「唉！可是我現在已經被他列入黑名單了！」

「怎麼會？你怎麼知道的？」

「想也知道！最近在辦公室走道上，我和他面對面相遇，他都沒有跟我打招呼！」

我追問：「就這樣？」

他回答：「還能怎樣？兩個人都面對面了，怎麼可以不打招呼？這是基本禮貌。他一定是對我有意見，不知道是不是上次開會，我提出一些不同的看法，惹惱了他。我看我還是早點離開，免得將來被修理，自討沒趣。」

過了一陣子，我問他：「換工作了嗎？」

「沒有啊，我還在原來的公司。」

「咦？你不是說你被主管列入黑名單，想走人了？」

他不好意思地回答：「沒有啦，倒是那個主管被挖角，跳槽了。他走之前還在新主管面前說我好話。他那陣子人怪怪的，可能是在想跳槽的事。」

讀者看完這一段對話，可能有不同的看法：

「沒打招呼就是被列入黑名單？辦公室大家都匆匆忙忙的，碰面哪有一定要打招呼？何況是主管！」

「被罵都不一定要走人，何況只是沒打招呼，想太多了！」

「應該是部屬要主動跟主管打招呼吧？艾力克有主動打招呼嗎？」

你的看法呢？

圖5 既定觀點導致自動化思考

自動化思考：驟下結論

每個人都有自己的看法，不同的看法（觀點），就會產生不同的情緒及行為反應。如果觀點愈接近真相，所採取的行動就愈正確、有效。

理性的行為是接收訊息時，經過思考分析的過程，對訊息詳加檢驗及論證，才形成結論，再據以採取行動。它的過程如圖5的左列所示：**接收訊息↓分析訊息↓形成結論↓採取行動**。

這是人類理想的理性行為過程。然而在現實生活中，常見的情況是，一得到某一訊息，馬上就自動產生某個觀點及結論，完全跳過了分析論證的過程，如圖5右列所示，以致於所形成的結論可能和事情的本質及真相脫軌，因而採取錯誤的行動，這就是「自動化思考」(註1)。

從前面的例子，我們看到艾力克的思維邏輯是：從「主管沒有跟我打招呼」，直接跳到「自己被列入黑名單了」的結論，於是決定採取「找新工作、換公司」的行動。艾力克少了分析論證的過程，幸而，事情的發展讓艾力克及時發現自己的推論是不正確的。

自動化思考與個人觀點

自動化思考的成因是，每個人的腦海中都積存及潛藏了許多既定的觀點，形成個人主觀意識，因此遇事容易不假思索，直接套用。

註1 自動化思考有時候是有益的，可以提升我們的效率，例如我們熟記九九乘法表後，就可以不假思索（不經過分析）地得到3×7=21的結論。

表4 **常見的核心觀點**

討好的行為模式	超理智的行為模式
犧牲小我成全大我 與人為善 要得到所有人的接納 循循善誘 避免衝突	達成目標最重要 對事不對人 理性比感性重要 講究規則與公平 追求完美
指責的行為模式	**打岔的行為模式**
我比較重要 成敗論英雄 要得到所有人的尊重 有壓力才有進步 我要掌控全域	我無能為力 我無法承受壓力 船到橋頭自然直 幽默可化解一切衝突 要得到所有人的喜愛

前面艾力克的例子中，他從「主管沒有跟我打招呼」，直接跳出「自己被列入黑名單了」的結論，是因為他有著「碰面就應該打招呼」或「主管應該要和部屬打招呼」等等的既定觀點，如果沒有這樣的既定觀點，反應自然不同。

在各種既定觀點中，對自動化思考影響最大的就是所謂的「核心觀點」。「核心觀點」和個人的成長過程息息相關。人在成長過程中，受成長背景及經驗的影響，會特別堅守或強烈相信某一些觀點，而形成個人的信念，即「核心觀點」。例如，有的人一生堅信「人要自立自強」、「為人要腳踏實地」、「要拚才會贏」；有人則堅信「人沒有不為自己的」、「世事是現實的」、「錢是萬能的」、「有錢才會被人尊重」等等。每個人所堅持的信念各有不同，常見的核心觀點請看表4（註2）。

一個人的思想往往就繞著個人的核心觀點衍生，於是形成習慣性的自動化思考模式，同時也形成習慣性的行為模式，而左右了人生的發展方向。前面艾力克「碰面就應該打招呼」或「主管應該要和部屬打招呼」的觀點，可能是因為他的家庭教育教導他「人絕對不能沒有禮貌，打招呼是基本禮貌」，而成為他的核心觀點。

核心觀點是一個人思維及行事的自我依據。它一方面造就個人特有的人生觀、價值觀，形成個人風格，但同時也制約了當事人。既然信念（核心觀點）是個人所堅定信守的，當事人自然就不認為有錯誤，也不會去懷疑，甚至覺察不到

註2　薩提爾模式指出，常見不健康的行為模式有：討好（委屈自己、成全他人）、指責（自我中心、苛求他人）、超理智（只重理性、忽略感性）、打岔（逃避拖延）等四種，而這些行為模式的形成與我們的核心觀點息息相關。

自己有這樣的信念，還以為大家都是這樣，於是不分情境、不管時空背景，一概適用，而未能因人、因地、因事制宜，自然形成了成長的障礙。信念沒有絕對的對錯，但過於僵固的信念，或過於堅持自己的信念，將對自己、他人及情境造成不利的影響，也侷限了一個人的發展。

例如，堅持做人要誠實的老公，看到老婆燙了新髮型，直言不諱地說：「好像頂了個鳥巢，太難看了！」這位先生堅持做人要誠實的信念，但未顧及別人的感受，另一方面也未考慮到自己可能並不了解時尚的美感，不知變通的結果就可能影響夫妻感情及人際關係。

觀點的辨識及論證

當一個人有著既定的觀點，就容易不經驗證就驟下結論。在教練策略上，首先就要探詢當事人的想法，從中辨識出他的自動化思考及潛藏的觀點，協助他檢視觀點，並進行分析再下結論。

檢視及論證觀點的方式是，引導當事人反覆分析、檢驗他的觀點是不是正確？是否對事情有幫助？亦即對觀點進行正確性及利弊分析，再請當事人探討有無其它不同的觀點可以取代，最終達到引導當事人形成正確結論的目標。步驟及提問方式如下：

理性論證觀點的教練步驟及提問方式

1. 探問對方的想法以辨識自動化思考

• 你如何想的？你想到什麼？你怎樣得到這個結論？

2. 引導對方先分析再下結論

• 有何證據支持此結論？你這樣想是基於什麼因素？有些什麼有利的因素可以支持你的想法？

• 有何證據反對此結論？這樣的想法會有什麼問題？有哪些因素會不利於這個想法？

3. 引導對方形成新的結論與行動

- 你的想法有何改變？你有什麼新想法？新發現？
- 你的情緒有何改變？有了這些想法，你有什麼樣的感覺？
- 你的行為將有何改變？有了不同的想法，接下來，你會怎麼做？

在上面的步驟中，教練透過客觀論證引導對方得到新觀點後，還要進一步探詢「有了這些想法，你有什麼樣的感覺？」目的是用情緒來確認對方是否真的從內心認可新的觀點，這是我們前一章所提過的。

一般而言，言語所說出的觀點可能會扭曲，或是隱瞞內心真實的想法，但感受通常較誠實。因此，用情緒再度確認是很重要的。當然最後的步驟就是引導行為改變，才算大功告成。

鬆動核心觀點

在晤談中，如果發現部屬的觀點並非只是一時的輕率或誤解，可能是來自他的個人信念及價值觀，可以更進一步協助他鬆動核心觀點，更有效地從根本改變一個人的行為模式。鬆動核心觀點的方法和上述的觀點論證方法大同小異。

由於核心觀點通常來自成長過程，當發現部屬的核心觀點後，可以追溯他的核心觀點從何而來，接著協助他檢視堅持核心觀點對他的好處與壞處，再進一步與其討論在何種狀況下，可以放鬆對核心觀點的堅持，並且看到放鬆核心觀點的好處。如此，當事人將可自覺地進行調整。

鬆動核心觀點的教練步驟及提問方式

1. 追溯核心觀點的起源
   - 你什麼時候開始有這樣的信念？這樣的信念從何學來？
2. 引導對方利用正反論證檢視核心觀點
   - 這樣的信念帶給你什麼幫助？
   - 這樣的信念會給你帶來什麼壞處？
3. 引導對方調整核心觀點並落實行動

- 不堅持信念會有哪些收穫？
- 什麼狀況可以不堅持信念？
- 你有什麼新想法？新發現？

（接下來仍需進行情緒確認及行動落實，與前同）

教練對話示例

接下來，我們看看張經理如何協助劉偉理性論證觀點。

張：「你剛才提到進度落後的確是事實，而你也發現團隊成員不太願意配合你，再加上你過去沒帶過這麼大的團隊，當你面臨這樣的情況時，你最先想到的是什麼？」**（探詢劉偉的觀點）**

偉：「我告訴自己一定要加倍努力，把進度趕上。」

張：「沒錯，你一向有這種認真負責的態度。你還想到些什麼嗎？」

偉：「嗯……我也有想到要跟你報告，但後來還是覺得天下無難事，只要我夠努力，總是可以追上進度的。所以後來決定等到趕上進度才跟你說。」

張：「我也很欣賞你這種『事在人為』的態度，我猜這是你碰到困難時馬上想到的念頭，而過去的經驗也告訴你，最後你總是能達成任務？」**（發現劉偉的既定觀點：「事在人為，只要自己努力就一定可以完成任務」，接著引導劉**

（偉列舉觀點的支持論據）

偉：「沒錯，老實說，我不敢說一切順利，但只要我下定決心，總是能完成任務。」

張：「所以你的信心首先來自於過去的經驗。還有什麼因素讓你覺得有信心趕上進度？」

偉：「還有就是專案計劃裡還預留一些時間，而目前進度落後的程度還沒有這麼嚴重，所以整體而言應該還補得過來。」

張：「還有嗎？」

偉：「主要是這兩個因素。」

張：「所以這些是有利的因素。那我們也看看有哪些不利的因素，你想到的是什麼？」（引導反面論證）

偉：「首先我想到的是如果我這次把專案計劃預留的時間都用完，往後再出差錯就沒辦法了。」

張：「這是很好的考慮，還有嗎？」

偉：「還有我還沒搞清楚團隊成員為何不能跟我配合，我不太確定我是不是能夠很快解決這個問題。」

張：「這點的確也很重要，還有嗎？」

偉：「我發現這個專案的複雜度遠大於我以前管理過的專案，所以我以前的經驗或許用不上。」

張：「這是很好的覺察，還有嗎？」

偉：「差不多了，我能想到的就是這些。」

張：「經過這樣的分析，你現在有什麼感覺？」**（以情緒確認的方法判斷劉偉對自己想法的接受度，並進一步探索他是否還有更深入的想法）**

偉：「我滿訝異的，心情也跟著更沉重了。」

張：「訝異的是什麼？沉重的是什麼？」

偉：「訝異的是我原來只是想到事在人為，沒有太注意這些不利的因素。現在想到這些不利的因素，就沒信心了，所以心情變得更沉重。」

張：「看來你有些新發現。」

偉：「我必須承認我太過自信了。我應該早點向你報告，尋求你的協助。」

張：「很好，讓我們一起努力。我很高興你有新的覺察與領悟，你要不要整理一下你的心得？」**（引導劉偉做總結以增強所學）**

偉：「我覺得最重要的是，過去的成功並不保證未來的成功。我就是因為過去都是靠努力就可以解決困難，所以就理所當然地不會想到自己的能力也是有限的，也需要他人的協助，這是我將來經常要提醒自己的。」

張：「你說得非常好。說完後現在有何感覺？」**（以情緒確認的方法，驗證劉偉是否真的改變）**

偉：「我感覺輕鬆多了，本來認為一切只能靠自己，所以壓力很大，現在說出自己的不足，反而輕鬆了。」

張：「太好了，你有不同的想法。那麼在行動上，你想怎麼調整？」**（引導劉偉落實改變行動）**

偉：「我現在想到的是，我需要主動定期向你報告專案的進度，和你一起討論面臨的問題，必要時得請你幫忙。還有，團隊的合作問題，我也需要你的幫助。」

張：「沒問題。那我們今天就先談到這裡，明天再繼續討論我可以如何協助你。」

經過前面「理性論證觀點」的對話，張經理覺得劉偉所陳述的許多觀點，都隱含著「凡事得靠自己」的想法，這樣的想法顯然對他有很大的影響，因此決定進一步追溯劉偉的核心觀點。在張經理的主動邀約下，雙方又進行了一次教練對話，目的在幫助劉偉「鬆動核心觀點」。

張：「從昨天的談話中看來，你似乎比較習慣自己埋頭苦幹解決問題，而不太會用團隊的力量，或是適時求援，是不是這樣？」

偉：「現在回想起來，我確實都是這樣。」

張：「當你必須借助別人的力量，想請別人幫忙時，你有什麼感覺？你會想到什麼？」

偉：「不舒服。我感覺很不舒服。我的經驗是，每次請人配合或找人幫忙，總是要看別人的臉色。有些人接了工作，但好像心不甘情不願；有些人是推三阻四的；有些人就直接拒絕我，這讓我很不舒服，好像我自己做不來，得求他們。」

張：「現在我就可以感受到你生氣的情緒，你生氣是因為他們的反應讓你覺得好像是你不行，才會需要他們協助？」（同理回應）

偉：「是呀，其實大家都在為公司做事，為什麼我就得求他們！」

張：「這種情況也讓你覺得你好像是低人一等的。」（同理回應）

偉：「確實，我最不喜歡這種感覺！所以我寧願自己做，也不想求別人。」

張：「這樣我比較清楚了。你有一個很強烈的觀點：找人幫忙或向人求助就表示你沒做好，或者你是低人一等的。我這樣說對嗎？」

偉：「是，可以這麼說。」

張：「我很好奇你這個觀點是如何學來的？」（追溯核心觀點的由來）

偉：「找人幫忙？從小吧，好像從小就是這樣想的。」

張：「當你說『從小吧』的時候，好像小時候有人告訴你這樣的觀點？」

偉：「應該是父親吧。對，他常常對我們這麼說。」

張：「你好像回想到更多的記憶，你父親怎麼跟你們說的？」

偉：「大概是小學一、二年級吧，那時我們家裡很窮。有一次媽媽生病，爸爸去跟朋友借錢讓媽媽看病，找了很多朋友都借不到錢，甚至以前跟爸爸借過錢的朋友都找理由不借錢給我們。爸爸絕望地回到家裡，跟媽媽說：『我對不起你……』又對我和弟弟說：『你們將來一定要好好努力，絕對要靠自己，這個社會很現實啊！再好的朋友也是靠不住的，一定要靠自己呀！』」

張：「我可以感覺到你的難過和生氣。」（同理回應）

偉：「當時我真的很難過也很害怕，以為媽媽就要沒救了，還好後來媽媽的病好轉了。但是我還是很氣爸爸的那些朋友，當時大家都窮沒錯，可是連接受過爸爸幫助的人都不願意幫忙我們，實在讓人不能接受。所以從那一刻起，我就要求自己絕對不能靠別人！」

張：「我感受到你話中的堅決、堅定地認為凡事都只能靠自己。我猜這個經

驗對你也造成了很正面的影響？」**（引導劉偉列舉核心觀點帶來的幫助）**

偉：「沒錯，我從國中開始就自己去打工賺錢，高中時就沒有跟家裡拿過零用錢，我在讀大學時除了完全負擔自己的學費和零用錢外，甚至還存了錢！」

張：「哇，真是了不起！現在我也更清楚你責任感這麼強、這麼要求自己要獨立的原因了。」

偉：「這的確幫助了我，讓我在工作上還算順利。」

張：「你現在如何看這段不靠別人、只靠自己的奮鬥過程？」

偉：「我覺得可以對父親和自己交代，我的確做到不靠別人了！可是，有時候也覺得滿孤單、滿累的……總是要求自己要承擔一切。」

張：「你現在是說，這個觀點對你基本上是好的，可是你也付出相當的代價？」**（引導劉偉探討核心觀點帶來的壞處）**

偉：「對，以這個專案來說，在你沒有開始幫忙我之前，我真的覺得自己已經撐不下去了。」

張：「我猜不只是這個專案讓你有這種感覺？」

偉：「是，我常常有這種撐不下去的感覺，只是在這個專案上特別嚴重。因為我覺得這是一個很好的表現機會，技術面都沒問題，就卡在光靠我一個人無法在時限內獨力完成。」

張：「所以這個觀點有時也讓你很辛苦，但又沒辦法將事情做好。那你會想要改變這種狀態嗎？」**（引發劉偉的改變動機）**

偉：「是，我想改變，尤其現在我有了小孩，也不能再像從前那樣，將所有時間都放在工作上。」

張：「啊，還有一個動機讓你想改變，那就是你對家庭的責任？」

偉：「沒錯，孩子還小，我不想錯過孩子的童年，太太一個人也常常忙不過來。」

張：「所以你想改變，那你可以如何改變呢？」

偉：「或許要調整我的觀點吧，但是我也不太清楚該怎麼調整。」

張：「好，我們來看看怎麼調整你的觀點。你剛才所說的『只靠自己、不靠別人』的觀點對你有時是好的，有時卻是不好的，是這樣嗎？」

偉：「對。」

張：「那麼什麼時候對你是好的呢？在哪些情境你可以繼續堅持這樣的觀點呢？我們就以現在這個專案的管理為例來思考好嗎？」**（引導劉偉調整對核心觀點的堅持）**

偉：「好，我最先想到的是：碰到問題時我還是自己先思考如何解決，不能馬上就去問別人。」

張：「非常好，那自己思考過後呢？可不可以問別人？什麼情況可以問別人？你能不能說出三種可以問別人的情況。」**（引導劉偉探討何時可以不堅持核心觀點）**

偉：「如果自己思考後還沒有把握，就可以問別人、找人商量，這是第一種情況。第二種情況是，如果在思考過程當中需要一些資料才能決定，也可以去問別人。現在一下子想不到第三種情況。」

張：「我試著來幫幫你。如果這問題是屬於小組其他成員的責任範圍呢？」

偉：「喔，我知道你的意思，我思考過以後可以再問問組員的意見，看他認為可不可行？」

張：「沒錯。但我要再更進一步挑戰你，如果這問題是屬於組員的責任範圍時，可不可以在一開始的時候，你根本也不用自己想，就直接問他的意見呢？」

偉：「嗯……其實這樣更好，我自己也會更輕鬆。」

張：「太好了，我看你已經很快地掌握改變的重點了。你要不要整理一下我們剛才的討論。我特別想知道你的觀點有沒有改變？還有改變的原因是什麼？」

偉：「我學到的是：『只靠自己、不靠別人』的觀點基本上是好的，但太堅持就不好了。過去我就是因為這樣苦了自己，而且事情也做不好。所以今後我要視情境調整這個觀點。」

張：「非常好的整理。那麼這個觀點改變以後，接下來你在行為上會有什麼改變？」**（落實改變行動）**

偉：「首先我會不定期找你談談專案的進度，提出我的看法或疑惑和你討論，你會有時間吧？」

張：「當然，只要先約一下，我會很樂意和你談。還有其他新做法嗎？」

偉：「我剛剛發現珍妮的進度有些落後，這次我就不要幫她想辦法，我會請她先提出意見，然後再跟她討論。」

張：「太好了，談到這裡，你的心境如何？」**（以情緒確認的方法判斷劉偉對自己想法的接受度）**

偉：「我覺得比較輕鬆，也很想知道我的改變會對我的團隊產生什麼影響。」

張：「我也很想知道，加油！」

偉：「謝謝你，我會好好地調整自己的想法和做法。」

在前述的對話中，張經理花了不少時間幫助劉偉看到，他受到成長過程的影響，而堅守「凡事要靠自己」或「求人不如求己」的信念，這樣的信念又和「請人幫忙表示自己矮人一截」的想法連結，導致他無法適時請教他人以及運用團隊力量。

張經理在引導劉偉看到堅守這些信念的利弊得失之後，也更進一步引導他具體地舉出在何種情況下，應該要調整信念及做法，不僅讓劉偉鬆動核心觀點，並且也能落實在行為上。

教練方法提示：

改變模式而不只是解決一個問題

對許多讀者而言，本章排除觀點干擾的內容，也是一個相當陌生的領導方式，尤其還得追溯部屬的成長過程，鬆動個人的價值觀，這是講求效率、理性的職場所迴避的。然而本書從一開始就一再強調，教練的價值在於幫助他人「改變模式」而不只是「解決問題」。在改變模式上，觀點的改變是很重要的一環，而核心觀點的鬆動對一個人的行為模式的調整更是重要關鍵。

通常一個人對核心觀點的堅持是「永遠要＿＿＿＿」、「必須要＿＿＿＿」、「一定要＿＿＿＿」，於是就形成固執的行為模式，如果能調整為「有時可以＿＿＿＿」、「或許可以＿＿＿＿」、「不一定要＿＿＿＿」，就會給個人帶來更大的靈活度，而使行為模式改變。有時主管需要多花一些耐心和時間來協助部屬探討觀點的論證，一旦部屬的觀點更寬廣，更富有彈性，主管就可以更輕鬆，許多問題都能迎刃而解。教練晤談的重點是「改變模式而不只是解決問題」，當模式改變，不只當下的問題解決，也避免了類似的問題重複發生。

讀到這裡，身為讀者的你，可以檢視一下你現在有些什麼想法：「太難了！」、「這怎麼可行！」、「這我做不來！」、「這太費時間了！」你不妨再進一步想想剛才這些自動化思考中，隱藏了哪些既定觀點，乃至於核心觀點。嘗試用本章的方法，進行自我觀點論證，或許你會發現有不同的觀點湧現，譬如說「這方法其實不無道理」、「嘗試一下也無妨」、「這種時間的投資也滿划算的！」等等。

當你多加練習，熟稔之後，教練方法會成為你的新行為模式，你將發現它並不難，而且很有效。於是，你的觀點改變，行為模式也改變了，你將成為真正的教練式主管。

7 改變不切實際的期待

期待是指，心中預期或希望自己或別人，應該做出某種行動或達到某種成就。例如在工作上，希望自己每一項工作都做得正確無誤；部門經理調職了，希望自己可以獲得升遷，補上該職缺；在家庭，要求兒子考試要前三名，希望先生主動幫忙做家事等等。

每個人都有著各式各樣的預期，有對自己的，也有對別人的，期待實現時，滿心歡喜，而期待落空時，則沮喪失望，還可能因此做出脫序的行為。適當的期待可以激勵自己或他人成長，但不切實際、強人所難的期待，卻會給自己或他人帶來極大的壓力和困擾，形成成長的限制。

期待與渴望

薩提爾指出我們之所以有期待，目的都是要滿足某種渴望，包含愛人、被愛、被尊重、被接納、有自由、有意義等。所以我們要將期待與渴望放在一起看，才容易幫助他人看到盲點。

首先，我們要能夠分辨期待和渴望的兩個差別。第一個差別是，**渴望是抽象的概念，而期待是具體的方法**。例如「被尊重」是一種渴望，但它是抽象的、不見得容易理解，我們往往需要看到一些具體的表現，如部屬對我唯命是從，我才能感受到自己被尊重。

第二個差別是，**渴望是普世皆然的，而期待往往是因人而異的**。也就是說，每個人都想要被尊重，但每個人如何感受到被尊重，可能是很不一樣的。例如，有些主管認為，部屬對我唯命是從才是尊重我，但另一些主管可能認為，部屬要能自己解決問題，不要依賴我才是尊重我。

期待的盲點：不切實際的期待

了解了期待和渴望的兩種區別，我們就比較容易看到期待的盲點是如何產生的。

第一種盲點是：將「渴望」與「期待」混為一談，於是他人無法明確理解自己的需要，最後導致自己的渴望得不到滿足，進而做出不具適應性的反應。舉例而言，太太希望先生多花點時間陪自己，當先生沒做到時，太太表達的方式是：「你只愛你的工作，你根本不愛我！」。此時先生覺得很冤枉，他其實很愛太太，也很不喜歡太太老是說自己不愛她，所以兩人開始產生衝突。

在此例中，太太的盲點是：認為自己只要用「你不『愛』我！」來表達不滿，先生就可以完全理解自己的需要了。實際上，太太首先忽略了「渴望」（我渴望你愛我）是抽象的，許多時候必須用「期待」（你要多花時間陪我，我才能感受到你的愛）這種具體的方式表達出來，先生才能清楚的理解，也才能做出具體的行動回應。

其次，太太忽略了「渴望」與「期待」的第二種區別：前者是普世皆然的，而後者卻是因人而異的。太太認為愛一個人就要多陪伴他，但先生對於「愛人」的定義卻是努力工作以供養家庭。太太與先生都有「愛人」的「渴望」，但是兩人對「愛人」的「期待」卻有所不同，甚至又都認為對方應該會理解自己的期待。以致於雙方都很努力地愛對方，但彼此卻都感受不到對方的愛，甚至因此而產生衝突。

有關「期待」的第二種盲點是：雖然明確地知道對自己及對他人的期待，但這些期待卻是不容易實現，甚至是不可能實現的，然而自己卻仍然固守著這些期待，以致於無法滿足自己的渴望，最後導致失去努力的動機，甚至做出不具適應性的行為。

舉例來說，有些人期待自己能夠得到所有人的喜愛，甚至能夠滿足所有人的需求，但這種期待基本上是不可能做到的。「父子騎驢」的故事就能夠鮮活地反映出，當一個人有這種期待時，會陷入什麼樣的困境。

薩提爾將這兩種有關期待的盲點統稱為「不切實際的期待」。

不切實際的期待所造成的影響

在職場上，不切實際的期待一樣很常見，包括對他人、對自己不切實際的期待。對他人不切實際的期待可能是：期待他人和我有同樣的偏好、期待他人先改變、期待人人都和我一樣努力、期待人人都採用我的做事方法、期待他人知道我的心思，期待他人完美無缺等等。

對自己不切實際的期待可能是：期待自己完美無瑕、零缺點零失誤、能掌控一切、期待自己能解決所有問題、期待自己能夠滿足所有人的期待，期待得到所有人的喜愛，期待不勞而獲等等。

然而，每個人都存在著差異性，也非超人或聖人，要是忽視了這種差異性，就成了不切實際。當內在的冰山中存在著不切實際的期待，往往會造成行為模式的偏差，以及人際溝通上的困擾，而影響到職場上的表現。

玲玲因人事調動，被派到第一線工作，但她非常排拒，所以做得很不順利。

她抱怨：「我根本不想站上第一線！主管偏偏就把我往那裡調！」於是我問她：「和主管談過嗎？主管有什麼看法？」「有什麼好談的？一起工作那麼多年，她也知道我比較內向，應該知道我只想在管理單位，好好地做行政工作。」

當我問玲玲的主管時，主管說：「玲玲工作配合度很高，也有責任感，我想讓她到第一線多見識見識，這對行政管理工作有幫助，將來有機會就可以晉升。」「玲玲知道你的想法嗎？」「應該知道吧！我沒講那麼多，我只對她說去第一線試試看，她也沒說什麼，她應該知道我是給她機會，有意培養她，我是為她好。」

狄克工作能力很強，但卻讓主管很頭痛，因為狄克經常抱怨同事，甚至指責同事，所以大家都不願意和他一起工作。狄克最常向主管控訴工作夥伴配合度差，總是不遵照他的步驟完成事情，或是同事工作不用心，也不願意加班。然而，和他一起工作的同事卻異口同聲地說，狄克凡事都要用自己那套做法，認為別人的方法都一無是處。

美華也是一位工作認真的幹部，但主管卻覺得她似乎容易受挫而產生情緒問題，甚至倦勤。在晤談中，我請美華為自己最近的工作表現打分數，美華給自己打了六十分，因為上個月有個大訂單沒拿到手，她覺得很沮喪。我問她：「主管的看法呢？」她說，主管其實知道問題不在她，因為是供應商的出貨流程沒法配合客戶，才失去訂單。於是我問她：「既然不是你的責任，為什麼只給自己六十分呢？」美華回答：「雖然不是我的錯，可是我希望每個經手的案子都不會流失，尤其是大訂單。」

在玲玲的例子中，玲玲和主管都認為對方應該懂自己，所以沒有把自己的想法如實地表達出來，結果雙方失去了溝通的機會，也影響了工作成效。在狄克的例子中，狄克期待別人都依他的方式做事，這種期待幾乎是不可能實現的。當他固守著這種不切實際的期待時，往往會造成他人的不滿，甚至引來抱怨和指責。

再看看美華的例子，顯然她對自己的期待很高，是個完美主義者，不容許自己出錯。她其實是個好員工，但因為對自己的要求太高，所以容易在遭遇挫折時沮喪失志，產生適應的問題。

教練晤談過程中，當我們發現部屬對自己或他人，存有不切實際的期待時，首先要引導部屬明確說出他的期待與渴望。接著與他探討這個期待是否務實可行。最後，再引導他探討是否有其他不同的期待（方法）可以滿足同樣的渴望。

改變不切實際期待的教練步驟及提問方式

1. 反映部屬的的期待與渴望
- 從你的陳述中，你有這些期待，而這些期待是想要滿足這些渴望。

2. 引導部屬探討其期待是否務實可行
- 你的期待是否具體明確？
- 此期待實現的機率是多少？是不是你或他人能力所及的？
- 這個期待對完成任務及他人的影響是什麼？
- 你為此期待需要付出什麼代價？

3. 協助部屬找到滿足同樣渴望的其他方法（期待）
- 還有何種方式可以滿足你的渴望？

教練對話示例

張經理繼續不定期和劉偉晤談，專案進度逐漸趕上計畫，專案成員的團隊合作也愈來愈好。然而昨天財務部彭經理氣呼呼地來找張經理，抱怨劉偉強人所難，一定要財務部另外投入一個人力到專案中，彭經理不答應，劉偉就發脾氣，和彭經理大吵一架。彭經理希望張經理管管劉偉，不能再讓他為所欲為。於是張經理將劉偉找來，展開以下的對話：

張：「我很高興專案漸入佳境，這要歸功於你的改變，讓整個團隊更有共識，也更能夠各司其職，發揮團隊的力量。昨天財務部彭經理來找我，抱怨你強人所難，而且態度不好，還跟他吵了一架，這是怎麼回事？」

偉：「我就知道他會來告狀，其實我也想找你談談。事情是這樣的，你知道專案小組常常需要財務部的配合，但我覺得他們總是不夠重視這個專案。兩週前，愛咪向他們要一些數據，承辦人說要先忙完董事會才有空，就丟給愛咪一堆報表，要她自己從中找到所需的數據，害得愛咪瞎忙了一天才找到答案。其實只要財務部願意配合，這種事一個小時內就可以解決了嘛。」

張：「那後來你怎麼辦？」

偉：「後來我就去找彭經理，告訴他這個情況，並希望他指派秀雯加入我們的專案團隊，在最後三個月全職投入專案，做最後的衝刺，以避免這種情況再發生。他同意這次財務部沒處理好，答應以後會改善，但不同意指派秀雯全職投入專案。我跟他談了三次，他就是說秀雯是財務部最重要的人，他不可能做這樣的安排，也堅持沒有這樣的必要。最後我只好提醒他，總經理一再表示這個專案對公司未來發展很重要，希望各部門全力配合。結果他就生氣了，說我一再煩他，還用總經理壓他，他不想再談這事了。所以我也生氣了，就跟他吵了一架。我承認當時我的確沒有控制好我的情緒，但這事也不能完全怪我。」

張：「我很欣慰這次你很快就覺察並承認你的情緒失控。」

偉：「這也要歸功於你這段時間的啟發，現在我經常注意我的情緒狀態。」

張：「很好。那你先說說你情緒失控的原因。」

偉：「我想主要是因為專案已經到了最後也是最關鍵的階段，我不希望有任何差錯。嗯，我想……還有，我覺得彭經理不尊重我。」

張：「你急著解決問題，想準時完成專案，我可以完全理解，可是關於彭經理不尊重你這點我還不清楚，你再多說一些。」

偉：「我認為他不但不接受我的建議，也沒有認真考慮我的提議，還有，他居然說不想再談這件事了，這樣有尊重我嗎？」

張：「讓我澄清一下我的理解：你對彭經理有三個期待：一、最好是接受你的建議，二、不然也要認真考慮你的建議，三、至少不要關上溝通的大門。如果沒做到這三點，就代表他不尊重你。是這樣嗎？」**（反映劉偉的期待與被尊重的渴望）**

偉：「是這樣沒錯。」

張：「你認為你這三個期待他做到了多少？」

偉：「我認為他都沒做到，所以我才會覺得他不尊重我，也才會生氣！」

張：「這樣說來，他跟你談了三次，對你來說都沒有意義？這樣好了，如果給他打分數，針對這三點，你會分別給他幾分？」

偉：「很明顯的，他沒有接受我的提議，所以這點是零分。至於認真考慮我的建議這點，我只能給他五十分，不及格！因為我認為他根本從一開始就排斥這個建議。針對繼續溝通這點嘛……我倒是該給他六十分以上，因為他至少和我談了三次。」

張：「好，那我們先談繼續溝通這點，彭經理需要跟你溝通幾次你才會給他一百分？」

偉：「就是持續溝通嘛……我也說不上來要談幾次才算一百分……」

張：「看來你很難給一個具體的數字。但我們可不可以說，也不可能無止境地溝通下去吧？」

偉：「也的確如此。」

張：「接著我們來看認真考慮你的建議這點，彭經理要怎麼做你才會給他一百分？」

偉：「他就是要真心地考慮，而不只是敷衍我，更不能先入為主地抗拒我的建議。」

張：「那你如何判斷彭經理是否做到了你剛才所提出的準則？」

偉：「嗯，這好像也不容易有客觀的論斷。」

張：「這樣我們可不可以說：你對彭經理的這三個期待中，只有接受你的建議這點是可以具體衡量判斷的，針對另外兩個期待，你其實很難判斷彭經理是否已經滿足了你的期待？」**（幫助劉偉覺察他的期待其實是不具體的）**

偉：「是可以這麼說。」

張：「那麼我們可不可以先放下那兩個不那麼具體清楚的期待，而聚焦在彭經理是否接受你的建議這個期待上？」

偉：「可以吧。」

張：「好，你認為彭經理接受你的建議的機率如何？」**（探討期待實現的機率）**

偉：「感覺機率很小。因為秀雯的確是財務部的關鍵人物，彭經理不會讓她離開三個月的。還有，我已經使出渾身解數，與彭經理談了三次，連總經理都抬出來了，他還是不動搖。」

張：「既然機率很低，你繼續和彭經理糾纏下去，對專案的完成有什麼影響？」**（探討不切實際的期待對工作任務的影響）**

偉：「我想沒有好處吧，如果彭經理因而和我以及我的團隊作對，其實對專案也不好。」

張：「還有，如果你繼續抱持這個期待，你自己又要付出什麼代價？」**（探討部屬須為不切實際的期待付出什麼代價）**

偉：「我一方面要繼續花時間和彭經理周旋，另方面也容易像上次那樣情緒失控。」

張：「談到這裡，你現在有什麼感覺？」

偉：「心情好像有放鬆了一點……也有點不好意思。」

張：「你再說說為何有這些感覺？」

偉：「心情有放鬆一點是因為，我想到或許不用再和彭經理糾纏下去，其實我也不想和他這樣劍拔弩張呀。不好意思是因為，我想到我可能冤枉了彭經理吧。現在又仔細想想，其實在前兩次的討論中，他還是挺有耐心地跟我說明了他對我的提議的看法以及不可行的理由。」

張：「那第三次的溝通呢？你們後來為什麼吵起來呢？」

偉：「我猜他會生氣，是因為我提到了總經理要各部門全力配合吧。」

張：「很好，我很欣慰你對事情的來龍去脈有了更清楚的覺察與理解。我想請你說說看，從我們的討論中你有什麼新發現。」**（開始協助部屬找到滿足同樣渴望的其他方法（期待））**

偉：「最主要的新發現是：其實我的焦點全部放在讓彭經理接受我的建議，所以不管他說什麼，我大概都聽不進去。」

張：「這點我可以理解，你是使命必達的人，所以很擔心在這專案上栽了跟斗，壞了你的聲譽。還有其他新發現嗎？」

偉：「現在冷靜下來後，我就想到其實彭經理的提議也可行，至少會比現在的情況好。他建議由秀雯擔任財務部對專案小組的單一窗口，任何對財務部的需求都對秀雯提出，然後由她負責到這需求被滿足為止。」

張：「很好呀，我也認為這是很好的解決方案。接下來你會如何做？」

偉：「我會先跟彭經理道歉，然後接受他的提議。」

張：「非常好，我很高興看到你一天天的進步。今天的討論讓你印象最深刻的是什麼？」

偉：「最讓我印象深刻的是，我的老毛病又發了，我還是太堅持自己的想法，所以有時會強人所難。當別人不能接受時，我又覺得不被尊重而發脾氣。今後我還是要學習多替他人著想。」

張：「很好，那就加油了！」

從上面的教練晤談中我們可以看到，當劉偉的期待沒有被滿足，而且這期待的背後又牽涉到他的「渴望」時，劉偉就容易做出不具適應性的行為。

劉偉是個責任感、榮譽心很強的人，所以「被尊重」對他來說是很重要的「渴望」。在此情境中，他的期待（滿足被尊重的渴望之具體方法）主要是：準時完成專案，以及說服彭經理接受他的建議。所以當他認為專案準時完成存在風險，而彭經理又不接受他的建議時，他腦中出現的畫面是：專案果然無法準時完成，而他再也得不到他人的尊重。在這個災難性的畫面驅使下，劉偉才會死命糾纏彭經理，甚至情緒失控而與他大吵一架。

看到這裡，讀者可能已經聯想到，「期待」其實和「觀點」也有密切的關係。劉偉因為有「使命必達」的堅強觀點，所以導致他容易產生「不計一切也要完成使命」的期待。這又呼應我們前面所說的，冰山的五要素：行為、情緒、觀點、期待、渴望等，其實是彼此互相影響的。

教練方法提示：
耐心協助、等候部屬一步步成長

教練式領導引導部屬開啟自我覺察的能力。透過自我覺察，部屬將開始探索自己的行為模式及內在冰山，從而看到自己一些習慣性的反應與盲點，展開理性的自我省思及調整。不過，人類行為及思維的成形涉及家庭、社會等根深柢固的複雜影響，是經過長期的日積月累而來，因此自我覺察及調整的過程不是一蹴可幾的。

教練式領導的效果是可以期待的，但是也需要有務實的認知。如果想要以一次教練式的晤談，就讓部屬馬上大躍進，或是產生完全符合自己設想的改變或調整，那也就是不切實際的期待了。主管必須接受部屬的成長是需要時間的，也必須了解並非用了教練式領導，就具有讓頑石點頭的神通。

部屬也許一時看不出有所成長，但在教練式領導的引領下，部屬事實上已經展開新模式的學習。在教練過程中，部屬會逐漸地學習到自我覺察的方式。這個方式將慢慢滲入他的工作及生活中，並且發酵、擴展，終至有一天產生具體的成效，使得部屬的潛能發揮出來。

另一方面，主管在這一過程中，也開展了自我學習，隨著經驗的累積，成效會愈顯著。因此教練式領導也得經萌芽、開花、結果的階段，這個階段的長短不容易預估，往往它的果實不經意就出來了。當主管開始採用教練式領導，就是種下種子，接下來需要的是信心及耐心，持續進行，靜心觀察及等候，終將看到成果。這是務實、不會落空的期待。

8 增強改變動機

薩提爾認為人不分族群、性別，在內心深層，與生俱來都存在著相同的渴望，包括愛人、被愛、被尊重、被肯定、被理解、被接納、追求自由、追求自我實現、追求生命意義等等。

人的一生不只需要滿足吃得飽、穿得暖這種生理需求，還不斷追尋深層渴望的滿足，這種心理需求既是人類的生存目標，也是人類各式各樣行為活動的內在動機。

渴望潛藏在冰山的深處，人類外在的行為表現究其根源，都可以連結到相對應的內在渴望。例如一個人努力追求成就，無論是哪一方面的成就，為的是滿足被尊重或被肯定的渴望，或是為自己的生命造就不同的意義。

然而，渴望是抽象的內在需求，至於外在的追求方式，則是因人而異，也因此造就了不同的行為模式。例如為了被愛，有的人會努力創造開心愉悅的樣貌，刻意討好他人；有的人是以犧牲自己成全他人的方式，來得到別人的愛；其他人則選擇展現自己的真實樣貌，來吸引認同自己的人。

渴望與行為模式

渴望的滿足與否對一個人的人格發展以及行為表現有很大的影響，它往往溯源自年幼的成長過程。在成長過程中，如果各項渴望適度地被滿足，個人的自我價值感就會比較平衡，表現也比較健康。相反的，若從小就處於不被愛、不被尊重的生長環境，會造成自我價值扭曲，衍生極端的自卑感，或自尊心過重、敏感、多猜忌等等，而表現失衡。

由於成長背景及個人特質的差異，每個人對各項渴望的偏重並不相同。例如有的人特別在意被愛，有的人特別在乎被尊重，有的人則一生追求自我實現。偏重的渴望不同，也造就行為模式的不同。每個人的內心深處都同時存在著愛、尊重、接納、自由、意義等多項渴望，有些渴望受到壓制未能滿足，或是未被覺察，以致於偏重的渴望不同，而形成不同的行為模式。

許多人對於自己內在的渴望沒有很清楚的認知，無意識地任由渴望驅動行為，產生不理性、不合宜的表現。但是一旦有意識地覺察到某項被忽視或是偏重的渴望，一個人的行為就有了改變的契機，並且從此啟動成長。反之，當渴望未被覺察、未被滿足或是渴望處於較低落的狀態，一個人就失去了動力或追求成長的意願。

因此，在渴望的層面，之所以會造成限制或盲點，起因於對渴望的未覺察，而導致改變的動機不足。如果能適度地增強追求渴望的動機，將會由內而外地激勵一個人，引發改變。人類的真正幸福，是各項渴望適度且平衡地得到滿足。因此，人的一生，若能以合宜的行為，適度平衡地追求各種渴望的滿足，將可以造就理想的美好人生。

行為、觀點、期待與渴望的達成

上一章我們提到「期待」，本章談的是「渴望」，這二者很容易被混淆。簡單地說，期待是滿足渴望的「具體方法」，而渴望則是抽象的內在需求。薩提爾認為渴望是普世皆然的，也就是說每個人都有愛人、被愛、被尊重等渴望，然而每個人的期待，也就是滿足渴望的具體方法，則是因人而異。

例如，大家都渴望被尊重，但每個人期待受尊重的方式，或是贏取尊重的方式，卻是形形色色。有的主管期待部屬凡事要徵詢自己的意見，才是尊重自己的表現；有的人則期待部屬要自動自發、自我負責，才是尊重自己的表現。

即使在同樣的渴望之下，因為各人成長背景的不同，會有不同的觀點及期待，並且經由不同的觀點、期待而產生不同的行為模式。然而可以想見，許多個人觀點、期待內容和行為模式，雖根源於渴望，卻無法滿足渴望，甚至還適得其反。例如有些人試圖以權勢、霸道甚或暴力，得到別人的尊重，但往往得到的只是表面的畏懼而不是真正的尊重，所以最終仍無法滿足被尊重的渴望。

觀點、期待及行為的結果，和渴望的真正滿足有落差，正是本書所謂的盲點。人的冰山或多或少都存在著盲點，干擾了理性的發揮，以致無法順利滿足渴望。在薩提爾模式的教練方法中，如同我們前幾章所學的，就是分別從行為、觀點及期待，進行檢視及調整，協助部屬突破盲點，讓他們的潛力得以發揮。一方面增進個人的成長，另一方面也提升個人在職場上的表現，進而得到內在渴望的真正滿足。

以幫助他人改變暴力行為模式為例，假設從「行為」著手，則與他探討暴力是否有助於達成其目標：施暴丈夫的目標是要讓太太聽話，但施暴的結果可能造成太太過於害怕，反而聽不清楚丈夫的話。假設從「觀點」著手，探討施暴丈夫的核心觀點，可能會得到「如果沒有掌控權就會很慘」的核心觀點。

若從「期待」著手，就要探討施暴丈夫的期待是什麼，以及這個期待是否切合實際。假設施暴丈夫的期待是要太太完全聽話，那麼這個期待是否切合實際呢？如果從「渴望」著手，則要探討他想滿足的渴望是什麼，以及是否還有未覺察的渴望，如果施暴丈夫的渴望是被尊重，則教練可能要幫助他覺察被愛、被接納等渴望。

在實際操作上，我們可以視狀況，從冰山的五要素中擇一切入，探索盲點，必要時則可探討一個以上的要素，視其成效而定。除了前幾章的學習之外，本章的重點將放在如何協助員工覺察及釐清自己內在的渴望，從渴望中帶出自己的願景，從中加強改變的動機。

渴望的覺察、釐清與改變的動機

當我們不理性地偏重某一個渴望時，會連動影響期待、觀點、情緒，最終導致不理性的行為模式。如果我們能夠透過覺察，看到自己的不理性，就有了改變的契機。對某一渴望特別偏重，必然壓制了其他渴望。如果再進一步覺察到被忽視的渴望，並且能夠想像渴望滿足時的景象，則改變的動力就更強化了。從下面幾個案例，我們可以看到渴望層面的盲點，以及透過覺察、釐清渴望而引發的改變。

高總是一家中型企業的負責人，在接受我的教練方法引導後，他看到自己的一個行為模式：很難拒絕客戶的要求。也覺察到自己之所以如此，源於他內在非常渴望被接納，因此很難拒絕別人。好幾次，高總答應了客戶要求的折扣，事後一算，利潤微乎其微，等於白做工。高總說，他從未覺察到自己對於被人接納有著高度渴望，他要學習著沉澱它，避免受到不當的驅使。有了如此的覺察後，每當聽到別人的要求，他都會先冷靜下來，給自己一段時間思考後才回覆。他還決定不再直接接觸幾個特別會要求的客戶，而是交由業務經理公事公辦。

在後續的教練引導中，高總又發現，一味地渴望別人的接納及喜愛，反而常造成別人不重視他的意見及感受。他也希望別人能更尊重他，如此才能突破事業上的困境。於是，高總改變的動機就更強了。

另一個相反的案例是黃經理，他覺察到自己非常渴望受到尊重，別人的舉止或言語很容易被他視為不被尊重，因此常勃然大怒。經過深入探究，黃經理發現這和他創業時處處碰壁的經驗有很大關聯，他看到自己對尊重的渴望，不僅影響員工的向心力，也造成許多溝通上的困擾，而且常被員工乃至家人排拒在外，他開始看到被接納的渴望，經由這些覺察也讓他改變很多。

傑倫在工作時常不願接受別人的意見，晤談時，他抱怨受不了主管的約束，他希望能按照自己的風格行事。所以我知道，在各種渴望中，對他最重要的是自由。我請他想想對他而言，理想的工作環境除了能按自己的風格行事之外，還有什麼重要的因素。他說其實他也希望能夠和同事打成一片，然而現在的情況是大家都疏遠他，甚至孤立他。所以我又知道，他也重視被接納的渴望。接著我問他，這兩種需求是否能夠同時滿足。我們討論了許久後，他得到的結論是：如果他可以接納與他不同風格的人，並願意多聽聽他人的意見，應該就可以同時滿足這兩種需求。

在這個案例中，傑倫一向渴望自由，並未覺察他其實也有被接納的渴望，當他有新的覺察之後，他的行為自然而然會調整，更能夠傾聽別人，工作表現也不一樣了。

切中渴望，啟發動力

當一個人不再無意識地受偏執的渴望主宰時，思維及行為才會趨近理性，也有助於達成工作及生涯的目標，除此之外，在職場上主管若能適切地顧及部屬的內在渴望，多多給予肯定、讚美及鼓勵，自然能啟動部屬的工作意願及向心力。如果更進一步了解個人所偏重的渴望，則能對症下藥地啟發部屬的動力。

丹尼剛到一家公司擔任主管，一切還在適應中。丹尼的一位部屬溫大明是資深的工程師，很受董事長及老員工的尊重，丹尼很需要溫大明在技術專業上給予協助，因此也對溫大明特別尊重。然而，溫大明的反應卻很冷淡，對丹尼的回答常常只是點到為止，丹尼為此感到很困擾，一再想自己是不是對溫大明不夠尊重才會如此？

有一天下班時，丹尼遇到溫大明，溫大明手中拿著職棒明星的簽名球，丹尼好奇地詢問才知道，原來溫大明的兒子是棒球迷。丹尼很興奮地說，他從小就打捧球，每天最大的樂趣就是看球賽轉播，兩人一路談得很開心。從此以後，兩個人變成好朋友，溫大明一改先前冷漠的態度，經常主動協助丹尼。

在這個案例中，溫大明是資深工程師，大家對他恭敬有加，因此，相對於尊重，他更渴望的是被新主管接納，或是融入新主管的團隊中。換句話說，溫大明已得到足夠的尊重，而被接納的渴望相對未被滿足，一旦他能感受到丹尼的友善和接納，就會激發出工作的熱忱。

因此，如果主管能了解部屬所偏重的渴望，將可以從中激發改變的動機。對一個渴望被接納的人，可以鼓勵他透過改變得到更多接納，同樣地，對一個渴望被尊重的人，則可以鼓勵他透過改變得到更多尊重，從渴望層面增強個人的成長動機。

綜上所述，如果主管發現部屬不理想的行為模式是來自渴望的不當偏重，就可以**先引導部屬確認他所重視的渴望，並分析它的影響，接著再協助他覺察被他忽略的渴望，以達到平衡地滿足所有渴望的目標。**

促進渴望的覺察

主管首先從部屬的談話中，歸納及反映出部屬的渴望，並請部屬確認。例如，「從剛才的談話中，看起來你是個喜歡幫助他人的人，對嗎？」以下是常見的內在渴望，以及確認渴望可用的對話。

- **渴望愛人：你是個喜歡幫助他人的人。**
- **渴望被愛：你希望有人支持你、幫助你。**
- **渴望尊重：你希望自己是個負責任的人。**
- **渴望接納：你希望融入團隊中。**
- **渴望自由：你希望能夠自在地展現你的風格。**
- **渴望意義：你希望工作能帶給你一種使命感。**

接著進行利弊分析，例如「喜歡幫助他人，對你的工作帶來什麼好處及壞處？」並進一步以提問「你有什麼新想法？」幫助部屬看到被忽略的渴望。這個過程和前幾章的方法相似，簡單地說就是協助部屬進行利弊分析的理性思考，讀者可以參考前幾章的方法，靈活運用。

模擬願景，增強動機

接著，當部屬覺察到新的渴望，而有改變的意願時，我們可以用模擬願景的方式，增強他想滿足該渴望的動機，讓他有更多的熱忱及能量進行改變。模擬願景就是帶領對方描繪渴望達成時的景象，藉由描繪，部屬可以感受到改變前後截然不同的氛圍及情境，這個願景將成為部屬心中的目標，可以增強他的動機。

實際操作上，教練不妨發揮各種創意激發部屬想像自己的願景。下面的案例我們是從行為、感受、觀點及期待四個方面，分別帶領部屬描繪出願景的畫面，善用畫面加深記憶及憧憬，將有助引發追求願景的動機。

藉由行為、感受、觀點及期待等方面的引導，教練協助當事人從渴望的調整，連動地改變期待、觀點及感受，由內而外改變行為模式，這樣的改變將會更持久有效。

增強動機的教練步驟及提問方式

1. 描繪願景的畫面
   - 當你達成目標時的畫面是如何？
2. 從行為層面引導
   - 你典型的一天都在做些什麼？
   - 你的人際關係怎麼樣？
3. 從感受層面引導
   - 你的情緒狀態為何？
   - 如何表達你的感受？
4. 從觀點層面引導
   - 你珍惜的價值觀是什麼？如何體現？
5. 從期待層面引導
   - 你重視的人如何描述你？
   - 你如何看待自己？

以雕塑增強渴望的動機

除了上述的引導方式外，薩提爾女士也經常用「雕塑」的方法，來增強當事人追求渴望的動機。

「雕塑」是讓當事人將自己與重要他人的關係，透過擺示實物（例如玩偶、杯子等）的方法呈現出來。以家庭雕塑為例，當事人可能將代表自己的杯子放在遠離代表父母的杯子的地方，而哥哥則緊跟著父母。藉由這樣的展現，可讓當事人陳述整個雕塑的意義，以及對每位家庭成員的感受，或與個別成員對話。

「雕塑」可以讓當事人更清楚地看到自己和重要他人的動態關係，衍生更多的思索及覺察，從中進行學習及調整。在後面的「教練對話示例」中，我們活用了「雕塑」，讓部屬能在腦海中產生較具體的畫面，並引導出渴望的覺察及領悟。

何時採取增強改變動機策略

我們的介紹雖然將渴望放在最後面，但在第二章「辨識並排除干擾的引導次序」的一節中曾提到，如果發現當事人的改變動機不足，可以考慮先採用本策略。藉由協助當事人覺察自己渴望被尊重或被接納等等，引發改變動機。

一個人的冰山模式是長年累積而成的，要改變並不容易，所以教練可以視需要，先引發當事人改變的動機，然後再來談改變的方法，才不會事倍功半。本書提供的各項策略都可靈活應用，以發揮最大效果。

落實改變於行動中

介紹完渴望後，本書即將進入尾聲。薩提爾教練模式從觀察部屬的「外在行為模式」出發，接著進入其內在冰山，探索並排除「行為」、「情緒」、「觀點」、「期待」的盲點干擾，然後在「渴望」的層次增強其改變的動機，最終還是讓部屬產生實質的行為改變，才算大功告成。關於落實改變，主要是確認及加深部屬的學習心得，並且協助他訂出具體行動方案，操作方法在前面各章的教練對話示例中已經陸續運用過，在此重新整理如下。

落實改變的教練步驟及提問方式

1. 引導對方將新的領悟轉為具體行動
- 有此新發現後，你的做法會有何不同？
- 你準備何時展開行動？
- 你將如何知道你的行動已經完成？
- 我們何時再見面一起看看你的進展？

2. 得到對方的回饋以確認改變屬實
- 你現在的感覺如何？
- 此次晤談的目標達成度如何？
- 今天的晤談讓你印象深刻的是什麼？

教練對話示例

劉偉的專案進展得愈來愈順利，張經理持續以教練方法關切並協助劉偉，這次，張經理看劉偉的狀態不錯，於是想進一步藉由強化劉偉的改變動機，確保劉偉可以持之以恆。

張：「劉偉，近來情況如何呢？」

偉：「嗯，一切都按部就班進行，我想專案如期完成應該沒什麼問題了。」

張：「很好。你覺得最近一切都上軌道，是由於哪些調整呢？」**（引導劉偉強化學習心得）**

偉：「我想，是我學會授權，比較願意放手讓小組成員用自己的方法做事。我之前都用自己的方法，然後說小組成員不合作，其實他們想配合，我也不見得滿意。不過說真的，學習放手也不容易，我常常一看到他們做的，就忍不住要告訴他們這樣做不好。但是，一個人不可能包山包海，還是要學習用團隊力量。所以，我就隨時提醒自己。」

張：「嗯，沒錯，我也有同感，我學了教練方法後，也隨時自我提醒。改變並且養成新的習慣確實得常常自我提醒。你想想看，經過這些努力後，你希望你的團隊的理想工作狀況會是什麼模樣？」**（引導劉偉描繪願景）**

偉：「理想工作狀況會是什麼模樣？愈來愈順利吧？」

張（拿起茶几上的杯子）：「這樣好了，這些杯子分別代表你和小組成員，根據你對理想工作狀況的想像，把每個杯子放在不同的位置，高、低、左、右都可以，表達出你和團隊之間的關係。」**（引導劉偉進行願景「雕塑」）**

偉（把杯子排好位置）：「紅杯子是我，我把它墊高，其他是小組成員，我把它們根據職級排在我四周，職級高的比較靠近我……。」

張：「紅杯子比較高的意義是？」

偉：「一方面我是專案負責人，位階比較高，另一方面負責人要居高臨下，才能發號施令、掌握全局，四周的杯子層級清楚、有秩序，每個人都清楚地擔當自己的責任。」

張：「看起來，紅杯子很負責任，也受到尊重，是不是？」**（反映出劉偉的渴望）**

偉：「沒錯，我是這樣期許自己！」

張：「你在紅杯子的位置，感受到什麼？」

偉：「嗯，我覺得自己比較有權威，同時整個團隊是有效率、有規矩的。」

張：「現在假設你自己是其他杯子，在它們的位置上，你感受到什麼？」

偉：「從別的位置看，紅杯子高高在上、很生疏，和別的杯子有些遙遠，好像沒辦法緊密合作？」

張：「那麼，你再回到紅杯子的位置，你有什麼新的感受？」

偉：「和剛才不一樣，有些孤單，和小組成員距離變遠了。」

張：「你喜歡這樣的感覺嗎？」

偉：「不喜歡，我要重新排。紅杯子不要墊高，放在中間，其他杯子都圍在四周，層級的距離不要太大。我覺得這樣比較好。」

張：「現在，紅杯子有什麼感受？」

偉：「覺得很溫馨，大家都圍繞著它，大家一起合作，彼此支持。」

張：「所以，和前面的排列比較，你比較喜歡團隊融合在一起，是嗎？」（反映出劉偉新的渴望）

偉：「沒錯，原來的擺法讓我覺得有些無力感，似乎得不到大家的力量！」

張：「很好，看來你有些新發現，那麼，請你比較具體地想像，有一天，當你和團隊融合在一起時，同事如何和你互動，你又如何和同事互動？」

（從行為層面引導劉偉想像願景）

偉：「我想想，我走進辦公室，小丁就馬上笑臉跟我說早，我也開心回應。艾咪主動跟我說，她的問題已經解決了。開會時，我鼓勵大家把問題提出來，大家一起討論，所有人也都熱烈回應。」

張：「太棒了，看到這樣的畫面，你有什麼感受？會怎樣流露出來呢？」（從情緒層面引導劉偉感受願景）

偉：「我覺得很受到鼓舞，很開心，也很溫暖。我想我會比較常有笑容吧！」

張：「看到這畫面，你有什麼心得及想法？」（從觀點層面引導劉偉描繪願景）

偉：「我想，在工作上取得大家的配合會讓事情更容易成功！」

張：「很好，請你再想像一下，當團隊融合在一起時，你希望總經理和小組成員提到你時，會說些什麼？」**（從期待層面引導劉偉描繪願景）**

偉：「我希望總經理會說我不僅有專業知識，帶人也有一套，團隊成員會說我給他們很大的學習及成長空間。我希望他們說跟我一起工作是愉快又有成就感的。」

張：「那你自己如何看待自己呢？」

偉：「我希望自己不僅是一個有能力的人，也是一個善用別人能力的人，同時也能得到別人的尊重及接納。」

張：「談到這裡，你對今天的談話有什麼新的心得？」**（引導劉偉強化學習心得）**

偉：「我發現，我更清楚了解團隊合作的重要性了。」

張：「那麼，接下來你會做些什麼改變嗎？」**（引導劉偉落實改變於行動中）**

偉：「我想我會隨時提醒自己確實調整管理方式，也要加強這方面的學習。今後我會在我們每週的固定會議中向你報告我的具體進展。」

張：「很好，加油囉！」

偉：「謝謝！」

在上面的教練晤談中，張經理就地取材，運用杯子讓劉偉雕塑出他渴望的願景。在第一次雕塑時，劉偉表達出被尊重的渴望，在張經理引導他深入感受後，他覺察到被接納的渴望。這渴望有助於劉偉推動團隊合作，而團隊合作正是專案進行以來，劉偉最大的困擾，也是多次晤談的核心。因此，張經理繼續請劉偉以「行為」勾勒團隊合作的畫面，接著用「情緒」、「觀點」及「期待」引導劉偉更具體地建構團隊合作的願景。

張經理以一連串的策略協助劉偉覺察新的渴望，除此之外，最重要的是以願景畫面的營造及對願景的深刻感受和認知，增強劉偉追求被接納的渴望的動機，進而強化劉偉促進團隊合作的決心。張經理這次的教練晤談不僅延續了前面多次談話的重點，也給予劉偉更大的改變動力。

教練方法提示：
信任部屬，激發責任感

在第二章我們提到，薩提爾認為「任何人的內心都渴望自己是好的，渴望得到他人的肯定，這是每個人改變及成長的潛在動機及力量，因此，人的改變及成長永遠是可能的。」

換句話說，如果主管能信任部屬有成長的意願，能適度地重視及回應部屬被尊重及接納等內在渴望，部屬將產生更大的責任感，自然啟動潛能，把事情做得更好。這就是本書第二章中所提到的「自我靈驗的預言」的概念：當我們以正向的眼光看待一個人時，就會激勵出他的正向表現。

渴望適度地被滿足可以激發部屬的責任感，反之則容易引發抗拒及怨懟，而挫傷工作意願。然而，在講求績效的職場上，人性的基本渴望卻常常被主管忽略，有時更反其道而行，以壓制人性的方式追求績效，造成部屬怨聲載道，士氣低落。這種做法在短期內雖可能有成效，但長期來看，終將不利企業的成長。在眾多的職場抱怨中，公司或主管對部屬的不尊重、不肯定，占了極大的比重，顯見員工對滿足內在渴望的期盼。

如果管理階層對人性的內在渴望有認知及理解，適當調整管理方式，將可以有效激發部屬的工作意願，提高績效。然而，如何回應部屬的內在需求，讓許多管理階層感到陌生、常常心有餘而力不足，不知從何著手。而薩提爾模式的教練方法便提供了這方面具體的實作方式。當然，員工對公司的不滿，有些是來自期待或觀點的落差，許多主管對此的反應可能採取壓制或駁斥的方法，反而加深了對立。然而我們在前幾章學習的同理回應情緒、理性論證觀點、改變不切實際期待等策略，都提供了雙贏的溝通機會。

多數主管慣用的管理模式是單向指導，直接告知部屬怎麼做，往往忽略了他們的內心反應。教練式領導則掌握人性的本質：人的內心底層是愛好自由、不喜歡被干預的，但同時也有呈現自己美好一面的渴望。因此，在不受約束而能夠自覺、自發之下，學習動機愈強，愈能把事情做好，自信及潛能就會充分發揮。

教練式領導立基於對人性內在渴望的接納與回應，它可以激發部屬成長的動力，在現今人本抬頭的社會，是管理階層所必須學習的新方法。

反覆練習，建立新的管理習慣

經過前面幾章的學習，相信讀者對教練式領導已經有了較深刻的認識。綜合而言，薩提爾教練模式一方面引領部屬進行理性的思維程序，辨認並排除冰山各層面的盲點，由內而外產生有效的行為模式，另一方面又深入部屬的內在需求，啟迪成長的動力，是理性感性兼具的方法。讀者能掌握這點，就可得其精髓，接下來就是經常地演練，自然熟能生巧，成效也就愈來愈顯著。

人是慣性的動物，改變不同的管理方式，必須不斷練習才能熟練，熟能生巧後，成效自然出來。一旦教練方法內化成為你的一部分，你會發現，你自己、你的部屬，乃至你的家人、你周遭的一切，都得到轉化及提升。

不同的領導方式造就不同的企業文化。薩提爾教練式領導帶領部屬學習理性的獨立思考能力，遇到問題可以負責任地面對問題、解決問題，形成學習與成長的企業氛圍，有助於企業永續經營。

9 跨出實踐的第一步

我們在前言中提到，希望這本書能說清楚三件事：

一、教練式領導的價值在於：幫助他人不只「解決問題」，還要「改變模式」。

二、教練專業應該是理論與實務並重的。

三、學習教練式領導雖無捷徑，但對多數人而言是可以做到的。

到了本書的結尾，我們最關心的是讀者是否真的想將所學付諸實踐。因為我們相信，學習最終的目的在於改變行為，而不只是增長知識。所以本書的最後一章再提供一些問題集，希望有助於讀者跨出實踐的第一步。

問：教練式領導適合用在哪些對象？不適合用在哪些對象？

答：建議你先應用在有潛力、值得培養的部屬身上，出發點是培育人才。其次可以應用在整體績效表現讓你滿意，但在某方面又讓你頭痛的部屬身上，出發點是協助他排除盲點。舉例而言，有些資深工程師技術能力很好，能夠解決很困難的技術問題，但經常因為溝通能力不足，而無法得到客戶的認可。他們的盲點可能是，在溝通時談了太多的技術細節，以致不易讓客戶理解。像這種情形，也很適合用教練式領導的方法幫助他們改善。

至於哪些對象不適合應用教練式領導呢？首先是比較資淺的部屬，因為他們最需要的可能是一些基礎的知識，此時就比較適合直接傳授知識給他們，也就是戴上「老師」的帽子。其次是績效一直未達標準，卻又沒有動機改善的部屬，此時領導人該做的，可能是要戴上「主管」的帽子，讓他們知道不改善的後果，最後還可能要使用主管的職權，安排他們轉任至適合的崗位，或者請他們離開公司。

別忘了，領導人應該靈活扮演「教練」、「老師」、「主管」這三個角色。

問：進行教練晤談前，應該做什麼準備？

答：首先要掌握時機與環境。時機指的是：要安排足夠的時間，通常至少要三十分鐘以上，同時也要安排在雙方都比較能夠心平氣和、開放地進行理性對話的時機。

接下來更重要的是，領導人要將自己的心態調整成：

- **平等心：**我不是對方的上司，也不是比對方更有能力或經驗的人。我的任務是讓對方感受到我和他是平起平坐的，如此對方才能夠暢所欲言。
- **好奇心：**我不預設立場，也不去想問題的答案是什麼。我的任務是了解對方解決問題的心路歷程、他在什麼地方卡住了、他可能有什麼盲點。
- **相信人的潛力：**相信對方有能力解決問題，也相信他找到的答案，會比我給他的答案更適合用在他的身上。
- **開放的心態：**既然戴上「教練」的帽子，我的出發點就是培育人才。而培育人才是需要付出代價的，所以如果對方找到的答案不盡理想，我也願意讓他嘗試，讓他從錯誤中學習，這也是成長必須付出的代價。

- **支持鼓勵的心態：**相信人有自信時更能發揮潛力，所以我要努力看到對方的優點及善意，並讓對方感覺被了解、支持、鼓勵。

問：嘗試應用教練式領導時，總是改不了想給答案的慣性行為，該怎麼辦？

答：的確，多數主管已經習慣一碰到問題，不管是自己或是他人的問題，就立刻開始思考答案。如果不跳出這種慣性，很難做好教練的角色。我的建議是，將焦點從「答案是什麼？」轉移到「對方解決問題的心路歷程是什麼？」。

舉例而言，如果部屬提出的問題是「這件事我沒做過，所以不知道如何開始，該怎麼辦？」主管通常的慣性反應，就是馬上在腦中問自己：「我是否做過此事？」、「我當時是怎麼做的？」像這樣把焦點放在「答案是什麼」，即使告訴自己現在是扮演「教練」的角色，不能給答案，仍然很容易問出「你有沒有試過這個方法？」這種表面上不給答案，骨子裡卻已經給了答案的問句。

此時，如果要扮演好教練的角色，就要將焦點轉移到「對方解決問題的心路歷程是什麼？」也就是告訴自己：「每個人都會碰到『第一次』的情況，我想要知道的是，當這個人需要處理一件他從來沒做過的事情時，他怎麼想、怎麼跨出第一步？」如此，就會問出像是「當你面對從來沒做過的事情時，你通常如何跨出第一步？」這種真正不給答案，且會引發對方思考的問句。

上面講的是心態的改變，接著再談技巧。從技巧的層面來看，要經常留意自己所問出的「封閉式問句」，並學習把它改為「開放式問句」。每當你問出一個封閉式問句時，就要問自己：我提問時腦中在想什麼？我關注的焦點是在自己身上、還是在對方身上？如果發現自己在想「答案是什麼？」，那麼你的關注焦點就是在自己身上。此時就要放下想答案的念頭，並將關注的焦點移轉到對方的心路歷程上，這樣你自然而然就會問出開放式問句。

例如當你問出「你有沒有試過這個方法？」這樣的問句時，你腦中想的可能是：「我」試過「這個」方法，而且有效。也就是說，你在想答案，而且關注的焦點在自己身上。此時就要告訴自己，先不要想「我的答案是什麼？」而且要將關注焦點轉移到對方身上，問自己對於「對方的心路歷程」有什麼好奇。此時你就會問出「你試過什麼方法？」這樣的開放式問句。

請注意，將封閉式問句改為開放式問句的練習，往往需要先從「事後練習」開始。也就是說，先練習在晤談結束後，回顧晤談中所使用的封閉式問句，把它們改為開放式問句，然後才能慢慢進步到在晤談中就能夠有所覺察，而且當下做出適當的反應。

最後，並非所有的封閉式問句都是不好的，當我們要確認某件事時，還是要使用封閉式問句。

問：我想要開始實踐，但擔心部屬不適應，會覺得我很奇怪，怎麼辦？

答：有些人開始的方式是，對所有部屬宣布，從今以後希望大家不要帶著「問題」來見我，而是要帶著「建議」來見我。也就是說，不是不能和我討論你的問題，而是要先思考過你想要如何解決你的問題，然後再來和我討論。如此一來，當你開始不給答案時，部屬比較不會覺得奇怪。這個做法還有一個好處，那就是你已經開始建立獨立思考的團隊文化。

問：我在進行教練晤談時，發現自己腦中一直在背步驟或問句，所以反而會卡住，該怎麼辦？

答：建議你開始實踐時，不要嘗試在晤談當中背步驟或問句，只要告訴自己「帶著好奇心去了解對方的心路歷程」就好了。至於檢討自己做得好不好，或者是否遵循了正確的步驟等，要留在晤談之後才做。也就是說，每次晤談結束後，才回顧剛才做了什麼、哪些做對了、哪些做錯了、不要在晤談當中不斷問自己這些問題。

換句話說，當我們開始應用一個新的方法時，要先求「有」，然後再求「好」。或者用薩提爾模式的說法，就是不要期待自己馬上就能夠做好一切，這是「不切實際的期待」。比較務實的期待是，先要求自己做到「在事後覺察」，然後再逐漸進步到「在當下就能夠覺察」。

問：我要如何跨出實踐的第一步？

答：有些人的做法是，先從部屬中找出一位自己想要培養的人才，接著再找出一項你希望這位部屬改善的職能，例如：策略規劃的能力、溝通的能力、判斷問題的能力、決策的能力、激勵他人的能力及人際關係的能力等，然後開始使用教練式領導的方法，協助這個部屬提升這項職能。請注意，這種職能的提升，通常不是一次的教練晤談就能夠做到的，必須準備投入一段時間，可能是幾星期或幾個月，才能見到功效。這種做法是最完整扎實的實踐方式，能夠讓你真正學會教練式領導，也能夠真正體驗教練式領導的效益。

另一種做法是我稱之為「化整為零」的實踐方式。也就是說，先從單獨應用本書的一些概念與工具開始實踐。例如平常在和部屬互動時，先問自己，我這次要戴「主管」、「老師」、「教練」中的哪一頂帽子與他互動？為什麼？為自己或他人設定目標時，記得運用訂定目標的三原則。看到他人無法達成目標時，問他曾經做了什麼？這些行為的效果如何？或是經常觀察、了解別人的情緒、觀點、期待、渴望，簡單地應用一下本書的方法，來更深入地認識他人。以上都是可以幫助自己熟練，而又可以隨時應用所學的好方法。平時經常「化整為零」地練習，一旦有必要進行正式的晤談時，就容易多了。

問：如何才能精熟教練式領導？

答：精熟的方法有三，首先是將理論與實務做更緊密的結合，其次是多練習，最後是接受督導。

理論是前人經驗的累積，我們利用它就可以達到「站在前人的肩膀上前進」的效果。薩提爾模式的理論在教練式領導的應用上，最珍貴的就是提供了「人常見的盲點有哪些」，以及「如何排除這些盲點」的前人經驗。所謂將理論與實務做更緊密的結合，就是針對每個教練個案，都能夠以薩提爾模式理論，解釋教練對象的盲點所在，並據以擬定輔導的策略。這個過程一般稱為「個案概念化」。也就是說，在每次教練晤談後，都把個案的行為、情緒、觀點、期待、渴望的內容、盲點及策略，整理並記錄下來。久而久之，不但對理論更為熟悉，同時也可以達到累積經驗的效果。

達成精熟的第二個方法，就是多練習，這是學習任何新事物的不二法門。多練習包含累積更多的教練晤談經驗，以及累積各種不同的教練對象、與教練議題的經驗。

達成精熟的第三個方法，就是經常接受督導。所謂的督導，指的是由資深、經驗豐富的教練協助自己解答實務工作中所碰到的問題。督導可以一對一或一對多的形式進行。以一對一的形式進行時，可以針對自己的案例情境，以及自己的學習進度得到量身訂做的輔導；以一對多的形式進行時，則可以從他人的經驗中吸取教訓，各有各的優缺點。

問：為什麼選擇薩提爾模式作為教練式領導的理論基礎？薩提爾模式有何獨特之處？

答：其實我自己開始學習教練式領導時，最先接觸的是「GROW 模式」。這是教練式領導的先驅之一約翰．惠特默爵士（Sir John Whitmore）提出的教練模式。GROW 是由 Goal、Reality、Option、Will 這四個英文字的字首所組成的，指的是教練晤談的歷程：第一步是訂定目標（Goal），第二步是檢視現狀（Reality）與目標的差距，第三步是探索縮短差距的選項（Option），最後一步是付諸行動（Will）。

實踐了一段時間後，我發現 GROW 是很好的「歷程模式」，但其限制是缺乏進一步探索選項（Option）的方法。在實務工作中，有些教練對象走完第一、二步驟，清楚了現狀與目標的差距後，就能找到新的選項。

但有更多的人還是被困在原來的做法或想法裡面，找不到新的選項。此時教練往往就不知如何再進行下去了。

薩提爾模式所提出的「人常見的盲點」理論，以及「如何排除盲點」的工具，則剛好彌補了這個缺憾。也就是說，使用薩提爾模式時，即使教練對象找不出新的選項，教練心中仍然有方向，且知道如何進行下去。因為薩提爾模式告訴我們，教練對象找不到新選項的原因，就是他們有盲點。所謂盲點就是他們自己也不知道的，所以難怪他們找不到新的選項。

薩提爾模式的教練任務就在透過提問，幫助他們覺察自己的盲點，當他們發現自己的盲點時，也就不再被盲點困住，新的選項往往就自然而然產生了。

不只如此，薩提爾模式還提供了便於操作的工具，也就是一套如何幫助他人發現盲點的提問方式，可以說是理論與實務並重。再者，冰山理論告訴我們，只要改變冰山五要素中的任一要素，其他四個要素就會跟著改變。這意味著教練有更多的選擇協助他人改變。這就是我選擇薩提爾模式作為教練式領導理論基礎的主要原因。

選擇薩提爾模式的第二個原因是，薩提爾女士強調正向地看待人。她認為每個人生下來就有足夠的內在資源，幫助自己生存、適應、發展，諮商師或教練往往不需要再「給予」他人新的資源，只要幫助他們找到他們本來就有的內在資源，他們自然就能適應、成長。所以薩提爾模式強調我們不要聚焦在負向的「問題」上，而要聚焦在正向的「人的潛力」上，這點正和「**績效＝潛力－干擾**」的教練哲學不謀而合。

總而言之，薩提爾教練模式的獨特之處為：人本主義、正向導向、理論與實務並重、結構性強且有彈性。

結語

上課的第一天，我習慣用一句問話展開課程：「我們可能改變一個人嗎？」學員往往異口同聲地回答：「不可能！太難了！」「為什麼不可能？」「因為江山易改，本性難移！」有的學員除了回答，還搖頭嘆氣。幾天的課程結束，我再問同樣的問題，學員的反應就不一樣了。

謝謝你耐心讀完本書，現在，你會怎樣回答這個問題？多數學員的回饋是：「想改變人要有方法，用對方法就可以改變一個人。」你是否有同感？

我常說一個故事：

有個村莊因河水暴漲而被淹沒，全村的人無一倖免，只有一個人因為緊抱一塊浮木而存活下來。兩天後，他隨著河水漂到了下游的村莊，即使又餓又累，還是緊抱著浮木不敢動彈。村人都站在岸邊對他呼喊：「這裡水很淺，你幹麼還不上岸？」可是他不為所動，依舊緊抱著浮木。

終於，出現了一位教練，他不是在岸邊呼喊，而是走到水裡面跟那人一起抱著浮木，對他說：「你抱著這根浮木一定有你的原因吧！」於是那人跟教練講了原委。教練聽完後說：「原來是這浮木救了你，讓我們一起來感謝它吧。」

接著，教練問：「你現在感覺如何？」那人說：「我又餓又累。」教練問：「你想改變現狀嗎？」那人說：「想。」教練問：「你想要的是什麼？」那人說：「我想上岸吃頓飯，換身乾衣服。」教練問：「那你為何不這麼做？」那人說：「我擔心放開浮木會淹死。」教練說：「你再仔細看看這裡的環境，和你過去兩天所處的環境有何不同？」於是那人終於領悟，他現在所處的環境已經不再需要那根浮木，因此就心甘情願地放下浮木走到岸上。

這個故事說明了教練如何引導他人走過改變的歷程，並對比教練所用的方法和一般人慣用方法的不同。首先，一般人（村人）習慣從自己的經驗出發（在岸邊）看問題，而教練則是設身處地（走到水裡）嘗試了解他人的經驗。其次，一般人忽略他人所作所為的背景因素，直接給他人建議（水很淺，可以上來），而教練則相信行為背後的原因更重要（在水淺的地方抱著浮木一定有個好理由）。再者，一般人忽略了他人的成功經驗（因抱著浮木而逃過一劫），而教練則先肯定其過去的成就（感謝浮木）。接著，一般人常忽略改變的動機（不管如何先上岸吧），而教練則先引發他人改變的動機（你想改變嗎？你要的是什麼？）。最後，一般人慣於給答案，而教練則以提問的方式，幫助他人自己找到答案。

重整心理路徑，就能改變行為

我想說的是：我們覺得人是無法改變的，往往是因為我們太急著看到結果而忽略了過程。每個行為的背後，都存在著深層的因素及動機，只有探究這個心路歷程，並重整、建立新的路徑，表面的行為才會改變。直接給建議是看到結果最快的方法，但許多人（尤其是資深且有能力的人）往往需要先覺察自己的處境，並且找到適合自己的方法，才能由內而外真正的改變。

教練式領導對多數主管而言，是一個全新的行為模式，在改變部屬之前，主管首先就得改變自己習慣的模式。本書提供了許多教練技法，雖然需要經常練習，熟能生巧，但是我常一再強調的是「心態比技巧重要」。如果一直認為自己的經驗與答案是唯一的選擇；如果沒有真心接受人人有自主學習能力的人本精神，空有技巧還是無法達到教練式領導的目標。

那麼，心態要如何改變及強化呢？事實上，薩提爾的冰山理論就是自我調整及強化心態的最好工具。本書各章的介紹不僅止於用來引導部屬，也可用於自我覺察及成長，隨時用它反思自己的目標、行為、情緒、觀點、期待及渴望，當自己從內在進行更新，學習虛心、人本的心態，就能夠事半功倍，技巧不過是輔助而已。所以，我也經常強調，想學好教練式領導，也必須提升自我覺察的能力。

上課時，有些年輕的學員會怨嘆：「唉！真希望我的主管也會用教練式領導！真希望我的主管也來上課！」此時，我會鼓勵他們學習自我覺察。當我們學會自我覺察，不僅有助於自我成長，同時對人性的心路歷程有更多的了解，於是知己知彼，在與主管的應對及溝通上都會有所不同，當你改變了，你所得到的回饋也會有所不同。

改變自己，就能改造人生

因此，改變自己，別人也會跟著改變。事實上，學會自我覺察，對職場、對家庭關係都有正面效應。這也是我推展教練式領導背後的一個心願。

綜合本書各章，我想再次強調，每個部屬都希望自己有理想的工作表現，受到肯定、讚賞。然而，有時他們因為存在一些盲點，所以表現的結果卻可能恰好相反。此時，部屬本身不知其所以然，如果主管也不知其所以然，就只能從表面的結果一再指正，但卻無法解決問題的根源。

如果根據本書各章的學習，就有了許多著力點：也許是部屬做事漫無目標，需訂定合宜目標、也許是努力方向錯了，導致行為和目標背道而馳、也許是受困於情緒而無法理性思考、也許是受限於觀點僵固不正確、也許是期待不切實際、也許是受某種渴望牽制等等。若耐心地協助部屬往內探討心路歷程，從中找到盲點，幫助部屬恢復理性思考及行為，則可以治本而非治標地改變一個人。

在職場上，大家比較不熟悉教練的角色。每當部屬的工作不理想時，主管或責罵、或叨叨唸唸，或隨時緊盯著部屬的一舉一動，或乾脆自己做。所謂的「部長做科長的事，科長做科員的事，科員做工友的事」，於是主管什麼都要管，什麼都要做，天天焦頭爛額，而部屬也跟著瞎忙，企業的格局必然受到限制。

如果能善用教練式領導，主管發揮引導的功能，扮演啟迪部屬成長的角色，就不需要事必躬親，也無需什麼都要會，部屬可以一起幫你學習，一起成就。因此，只要用對方法，就可以發揮省力而有效的「槓桿作用」。

企業競爭壓力很大，景氣循環，業績起伏不定，隨時考驗企業主管。常見業績不佳時，主管的對策是更嚴厲地檢討及要求，用更大的壓力設法鞭策部屬，結果集體身陷壓力鍋。剛開始也許有效，但過了一陣子又出現疲態，於是又再提高要求、再檢討鞭策，形成盲、忙、茫的惡性循環。何不考慮改變模式，嘗試教練式領導，用一個貼近人性的方式，讓人人快樂自主地發揮潛力，為企業帶來活力？

大多數人的一生泰半在職場中度過，職場的品質牽動了家庭生活乃至生命的品質，職場品質的改變產生的影響非常巨大深遠。我殷切地期盼有更多的主管加入學習教練式領導的行列，一起反思、一起探討，將職場轉化成幸福成長的場所，讓人生更有意義！

課程學員迴響

「不只解決問題，還要改變模式」是茂雄老師的「薩提爾教練模式」課程中最棒的概念與重點，讓我豁然領悟自己以及公司許多同仁的盲點，也明確地指出了我們未來在領導管理上的努力方向。我已經將茂雄老師的「薩提爾教練模式」及「從自我覺察到發揮影響力」兩個課程，訂為公司經理人的必修課程，因為我相信這是公司能否持續年年高成長的關鍵要素。我建議所有經理人好好地從這本書裡面去了解，何謂「改變模式，而不只是解決問題」。

鴻陽科技總經理　林秋鴻

參加茂雄老師的「薩提爾教練模式」課程，原本只是單純地想加強我在工作上的能力，以協助公司及同仁提升績效。在學習的過程中我驚喜地發現，薩提爾教練模式除了讓我在工作中因為更能體會人心，而可以更有效地幫助他人外，同時也幫助我更深入地認識自我，讓我看見世事不是只有從我的角度所見到的單一面向。我發覺自己過去一直執著、認為不得不如此的選擇，其實並不是唯一的選擇。我現在也更懂得如何歡喜自在地，面對我自己與身邊所有的人事物。感謝茂雄老師引領我發掘出如此美好豐盛的寶藏！

亞洲美商美樂家有限公司台灣分公司　人力資源暨行政處資深處長　顏幸枝

茂雄老師是企業教練中難得一見，既有企業經理人的高度又有心理學專業素養的教練。他的獨特背景與資歷，使他成為一個善於傾聽、洞悉人性的教練和老師。我從他的「薩提爾教練模式」課程中，看見自己處事的慣用模式並覺察到其中的盲點，讓我更進一步了解自己，也學習到如何更好地與情緒共處，以及如何正向思考。這些學習不僅適用在工作上，在個人成長和家庭生活上也對我產生了很大的助益。

誠新管理顧問（專業高科技獵才服務公司）總經理　邵芳雯

茂雄老師曾經擔任跨國企業的高階主管，又接受了正式的心理與諮商訓練，所以他可以結合理論與實務，引導學員在學習的過程中發揮潛能、有效地學習。我從他的課程得到很大的啟發，並且產生了強烈的動機，於課後將所學應用於日常的領導管理工作中。例如經常引導部屬自己找答案，激發他們的潛能，不只幫助他們解決問題，還要幫助他們改變思考模式等等。

這樣應用下來，我更堅信公司的每個同仁都有他們的核心價值。這種心態的改變讓我更有同理心，更能夠理解同仁的所作所為其實都是要讓自己變得更好。帶著這信念與同仁相處，他們就能夠開放心胸、信任彼此。還有一個大收穫就是對情緒有了正確的認識，知道當自己或他人有強烈情緒時，需要面對它、接受它、處理它，最後才能放下它。掌握了這個原則，往往就能化危機為轉機！

傑仕德國際股份有限公司（Dentsply Implants Taiwan）總經理　王聖堅

茂雄老師講授的薩提爾教練模式讓我對個人成長有了新的理解。它提到成長的盲點可透過行為、感受、觀點、期待、渴望等五個層面來突破。薩提爾相信「問題（困難）不是問題，如何應對問題才是問題」。老師進一步將薩提爾模式的理論與實務方法應用於領導管理上，讓主管學習由心出發、幫助部屬自己找答案。

茂雄老師演繹下的薩提爾教練模式有別於其他教練方法，它的課程模式邏輯清楚，且架構簡單易懂，讓初學者可以很快地理解及上手，而心理學的理論基礎又可以讓有經驗的教練，有深度地直指核心，幫助他人看到問題的根源，進而產生持久有效的改變。

台灣賓士企業規範暨合規管理部協理　曾淑惠

回顧在茂雄老師的「薩提爾教練模式」課程時被問到：為何要來上課？我心中的答案只有四個字：利人利己。多年的職場管理經驗似乎碰到瓶頸，覺得自己江郎才盡，不再有什麼新東西能夠和同仁分享、幫大家一起成長，真希望有所突破，有一些不一樣的東西進來。

茂雄老師的課，確實引發了許多的震撼，顛覆了我的管理思維。「教練式領導」以協助他人學習取代給他人答案，以激發他人釋放潛力取代批評與指責。應用了這樣的領導模式後，我發現自己更輕鬆自在，因為我不需要再背負凡事都要有答案的重責；而整個組織也逐漸展現出「不怕問題、勇於面對問題」的文化。這真的是非常奇妙的轉變經驗！

和信治癌中心醫院護理長　張念雪

剛從員工被擢升為主管的前幾年，我以為老闆看重的是我的縝密心思。因此在交付員工任務時，我會仔細地將步驟寫下，要求員工據以執行。直到有一天，部屬對我說：「請你讓我試試不同的方法」時，我才意識到自己扼殺了員工的自發和創新。

這是我一接觸到「薩提爾教練模式」時就拍腦叫好的原因——我說太多，問太少！除了「忍住不給答案」這個觀念如醍醐灌頂，「薩提爾教練模式」最棒的地方是它從不同的角度提供教練步驟，因此在不同的情境，有不同的工具可以援用，就像一把瑞士刀，以一應百，存乎一心。

HP惠普科技公司人力資源處資深協理　賴晶瑩

國家圖書館出版品預行編目（CIP）資料

激發員工潛力的薩提爾教練模式：學會了，你的部屬就會自己找答案！/ 陳茂雄，林文琇著 . -- 第一版 . -- 臺北市：天下雜誌，2015.11
面； 公分 . --（天下財經；295）
ISBN 978-986-398-109-1（平裝）

1. 組織管理 2. 企業領導

494.2 104019602

天下財經 295

激發員工潛力的薩提爾教練模式

學會了，你的部屬就會自己找答案！

作　　者／陳茂雄、林文琇
責任編輯／王勝雨、蘇　薇
封面設計／陳文德

發 行 人／殷允芃
出版一部總編輯／吳韻儀
出 版 者／天下雜誌股份有限公司
地　　址／台北市 104 南京東路二段 139 號 11 樓
讀者服務／（02）2662-0332　傳真／（02）2662-6048
天下雜誌 GROUP 網址／ http://www.cw.com.tw
劃撥帳號／ 01895001 天下雜誌股份有限公司
法律顧問／台英國際商務法律事務所・羅明通律師
印刷製版／中原造像股份有限公司
裝 訂 廠／中原造像股份有限公司
總 經 銷／大和圖書有限公司　電話／（02）8990-2588
出版日期／ 2015 年 11 月 4 日第一版第一次印行
定　　價／ 320 元

書號：BCCF0295P
ISBN：978-986-398-109-1（平裝）

天下網路書店 http://www.cwbook.com.tw
天下雜誌我讀網 http://books.cw.com.tw/
天下讀者俱樂部 Facebook http://www.facebook.com/cwbookclub